日本自動車殿堂・表彰トロフィー
（殿堂者・豊田喜一郎氏）

理　念

本法人の名称は、特定非営利活動法人　日本自動車殿堂
英名を Japan Automotive Hall of Fame、略称をJAHFA（ジャファ）という。

この法人は、日本における自動車産業・学術・文化などの発展に寄与し、豊かな自動車社会の構築に貢献した人々の偉業を讃え、殿堂入りとして顕彰し、永く後世に伝承してゆくことを主な活動とする。

現在、日本の自動車産業は、その生産量や性能・品質など世界の水準を凌駕するに至り、わが国の産業の範としてその地位を得ているが、当初は欧米の自動車技術や産業を学ぶところからの出発であった。周辺の関連産業分野を含め、自動車は高度な工業製品であるが、これを先人たちは様々な工夫と叡智によって切り拓いてきた。

しかし、こうした努力の足跡は時の経過とともに埋もれ、その多くが忘れ去られようとしている。優れた自動車の産業・学術・文化などに情熱を傾けた人々と、その偉業を永く後世に伝承してゆくことは、この時期にめぐり合わせた我々の務めであるといえよう。

技術立国と呼ばれるわが国にあって、その未来を担う青少年たちが、有用な技術の成果に目を向け、技術力や創造性の大切さ、発明や工夫の面白さを認識するためにも、この活動は意義あるものと考える。これこそが日本自動車殿堂が目指すところである。

平成13年11月14日（法人登記）

特定非営利活動法人　**日本自動車殿堂**
会長　**藤本 隆宏**

Idea

The name of this non-profit organization is Japan Automotive Hall of Fame, better known as JAHFA.

In an era when the Japanese car industry has grown to surpass world levels in terms of production volume, performance and quality, the invaluable efforts and wisdom of our predecessors who contributed so much toward the development of the automobile in Japan all too often tend to be forgotten with the passing of time.

The mission of this organization is to praise the achievements of the many people who shaped the destiny of the industry, as well as those responsible for promoting science and motoring culture. We aim to highlight the roles they played in the establishment of our now rich and colourful automotive society in Japan, and to pass on their legacy to inspire future generations to become closely involved with the car world.

Dr. Takahiro Fujimoto
President
Japan Automotive Hall of Fame (NPO)

日本自動車殿堂　会長

藤本 隆宏

御挨拶

このたび日本自動車殿堂の会長を拝命いたしました藤本隆宏でございます。殿堂の活動についてはかねてより承知しており、親戚筋の太田祐雄氏が殿堂入りした時の式典にも出席しましたが、誠に意義深い事業であると思いました。この度、第一期会長及び理事・会員総意とのお話で、私への第二期会長就任の要請があり、大変驚きましたが、前会長小口泰平先生は、著作等を通じ若いころから存じ上げ、いわば雲の上の方ですので大変光栄なことでありお受けした次第です。

これまでに日本自動車殿堂の皆々様が確立された基本理念と運営方針を継承しつつ、時代の変化にも適応して参りたいと存じます。私は社会科学系で自動車産業等の研究をしてきた学者ですが、偶然、祖父の藤本軍次は1920～30年代の自動車レーサーの一人であり、父の藤本威宏もタクシー近代化センター創設に関わり、自動車には強い御縁を感じています。皆様の御支援、御指導をたまわりたく、宜しく御願い申し上げます。

Greetings

It is my great honor to be appointed as the president of Japan Automotive Hall of Fame (JAHFA). I have always known the important and meaningful activities of JAHFA, and in the past I attended the ceremony celebrating new inductees when Mr. Sukeo Ohta (who is actually a relative of mine) was inducted into JAHFA. It was a rather big surprise for me that the former president, Dr. Yasuhei Oguchi, and other members of JAHFA intensely entreated me to accept this appointment. I have known Dr. Oguchi through his writings since I was young, making him almost like a celestial being to me. Since it was such a great honor to be asked by him, I could only humbly accept his request to become the second president of JAHFA. While continuing on the rich tradition and core values of JAHFA, which you its members have firmly established, I will incorporate the many changes in society that are unfolding around us. I am a researcher in the social sciences and have been researching the automotive industry for many years, it just so happens that my grandfather, Gunji Fujimoto, was a one of the first race car drivers in Japan in the 1920s and 30s, and my father, Takehiro Fujimoto, was involved in the foundation of the Taxi Modernization Center. So, naturally I feel a strong tie with automobiles. In closing, please allow me to ask with all sincerity for your support and advice going forward.

Dr. Takahiro Fujimoto
President
Japan Automotive Hall of Fame

Professor
Faculty of Economics
Executive Director
Manufacturing Management Research Center
The University of Tokyo

JAPAN AUTOMOTIVE HALL OF FAME

特定非営利活動法人

日本自動車殿堂

日本自動車殿堂　名誉会長

小口 泰平

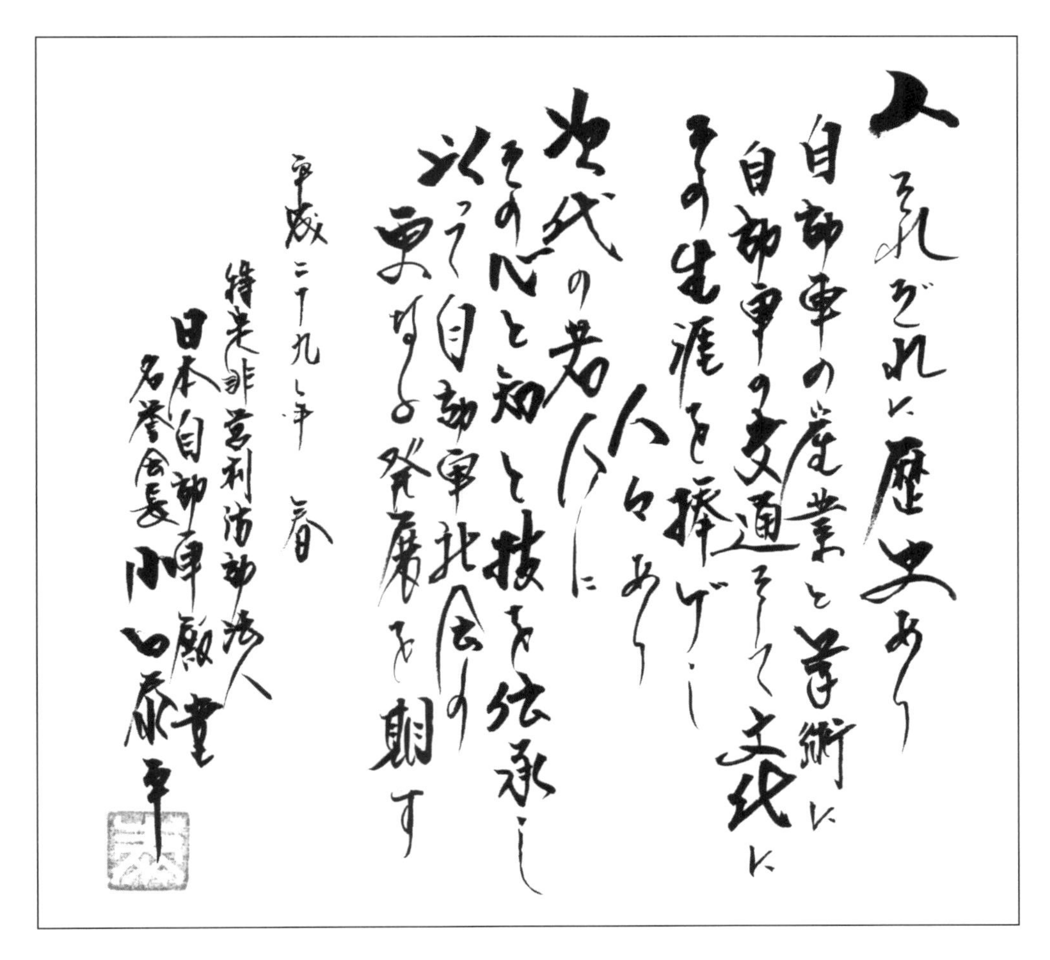

Everyone has his or her history.
People exist that dedicate their lives to the vehicle
industry and science, to traffic, and
the promotion of the automobile.
They hand down their spirit, knowledge and techniques
to the younger generations, thereby ensuring
the further development of the automobile in society.

日本自動車殿堂の活動

日本自動車殿堂殿堂者(殿堂入り)
Japan Automotive Hall of Fame, Inductees

日本自動車殿堂歴史遺産車
Japan Automotive Hall of Fame, Historic Car of Japan

JAHFA機関誌
JAHFA organ

インターネット情報
Internet information

博物館などでの展示・公開
Exhibition and presentation at Museums and other venues

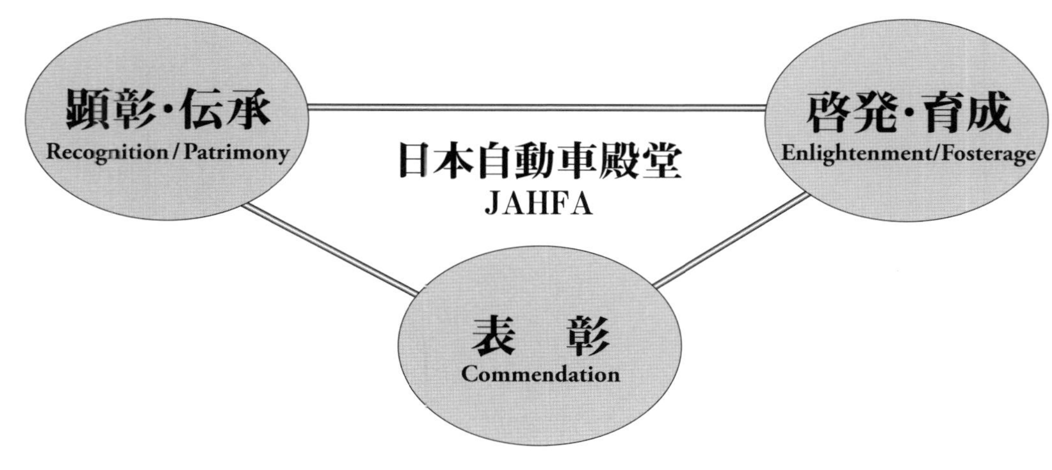

日本自動車殿堂カーオブザイヤー
JAHFA Car of the Year

日本自動車殿堂インポートカーオブザイヤー
JAHFA Imported Car of the Year

日本自動車殿堂カーデザインオブザイヤー
JAHFA Car Design of the Year

日本自動車殿堂カーテクノロジーオブザイヤー
JAHFA Car Technology of the Year

顕彰・伝承活動

自動車産業・学術・文化に貢献した先人の偉業を顕彰し、日本自動車殿堂者(殿堂入り)として永く後世に伝承する。また、歴史遺産車を顕彰し伝承する

啓発・育成活動

日本自動車殿堂者の偉業とその「心と知と技」を広く伝え、健全な自動車社会の発展と青少年のモノ創りの啓発を推進。顕彰内容等掲載の機関誌の発行および配布。これらの活動をオフィシャルサイトによる情報発信を行ない、クルマ文化・産業・学術の発展に寄与

表彰活動

年次の優秀乗用車やその技術およびデザインを評価し、車と共に開発グループを顕彰し記録する

米国自動車殿堂　元会長

ジェフリー・K・リーストマ

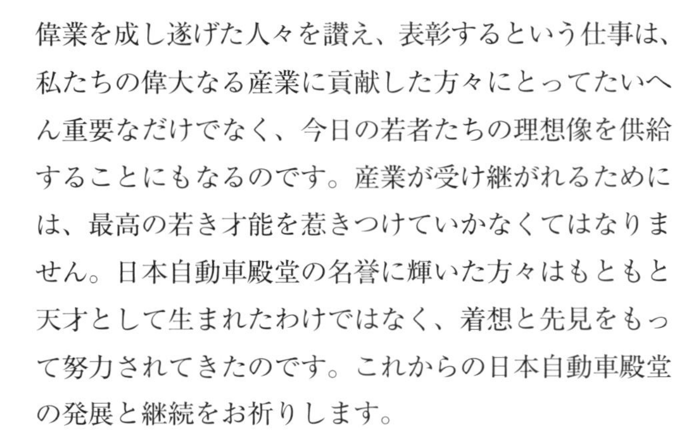

偉業を成し遂げた人々を讃え、表彰するという仕事は、私たちの偉大なる産業に貢献した方々にとってたいへん重要なだけでなく、今日の若者たちの理想像を供給することにもなるのです。産業が受け継がれるためには、最高の若き才能を惹きつけていかなくてはなりません。日本自動車殿堂の名誉に輝いた方々はもともと天才として生まれたわけではなく、着想と先見をもって努力されてきたのです。これからの日本自動車殿堂の発展と継続をお祈りします。

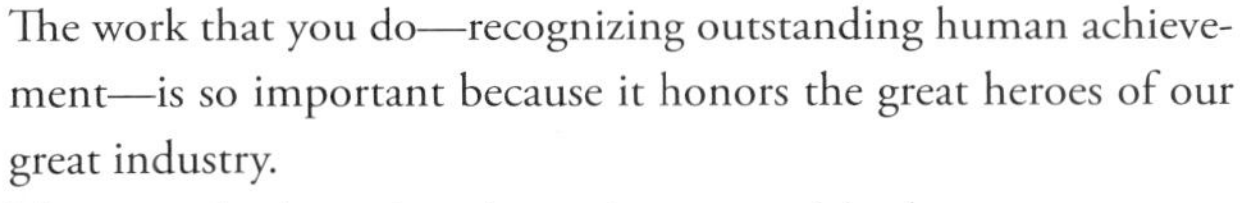

The work that you do—recognizing outstanding human achievement—is so important because it honors the great heroes of our great industry.
Moreover, by honoring these pioneers and leaders, you are providing role models for young people today.

For an industry to remain strong, it must continually attract the best young talent. The people you honor at the Japan Automotive Hall of Fame were not born great; they achieved greatness through inspiration, vision and hard work.

With best regards,
Jeffrey K. Leestma
The Former President　Automotive Hall of Fame

米国自動車殿堂　前会長

ウイリアム・R・チェイピン

米国自動車殿堂は今からおよそ75年前に設立され、今日まで自動車業界における偉業を賞揚しています。
日本自動車殿堂と米国自動車殿堂の役割は大変重要です。何故なら、自動車業界の偉大な英雄の功績を称えているからです。このような偉業を成し遂げた偉大な人々を表彰し、その偉業を広めることにより、現代の世界中の若者にとって模範となるロールモデルを生み出しています。

The Automotive Hall of Fame was founded nearly 75 years ago and has been celebrating outstanding automotive achievement ever since. The work that both our organizations do is so important, because it honors the great heroes of our industry. By recognizing these men and women, we provide role models for young people today around the world.

Regards
William R. Chapin
The Former President　Automotive Hall of Fame

ノーベル賞学者

江崎 玲於奈

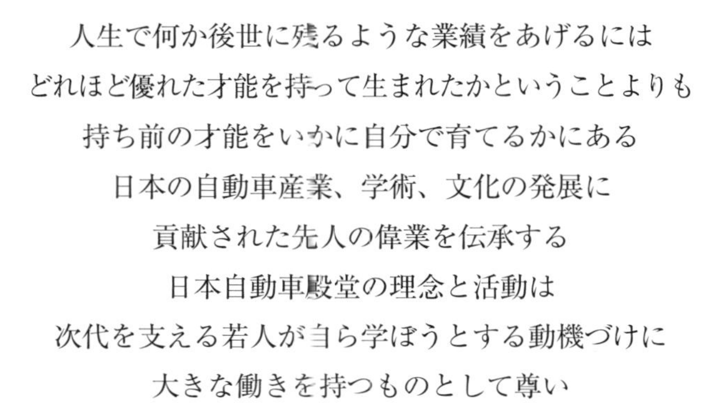

人生で何か後世に残るような業績をあげるには
どれほど優れた才能を持って生まれたかということよりも
持ち前の才能をいかに自分で育てるかにある
日本の自動車産業、学術、文化の発展に
貢献された先人の偉業を伝承する
日本自動車殿堂の理念と活動は
次代を支える若人が自ら学ぼうとする動機づけに
大きな働きを持つものとして尊い

東京大学　名誉教授
元宇宙開発委員会　委員長
元日本自動車研究所　所長
殿堂者

井口 雅一

近年、わが国の自動車産業・学術・文化は
国際的に重要な役割を持つようになってきました
そこには先人の英知と勇断と努力が
様々なかたちで引き継がれています
日本自動車殿堂者の偉業が次代を拓く人々の糧となり
「より豊かな自動車社会とその文化の構築」
に資することを希望します

In life, virtually everyone is born with a special talent. It is finding this hidden talent and then nurturing it that enables people to achieve great things and ultimately leave behind a legacy for the world to remember them by.
The work of JAHFA, and its guiding philosophy, is to encourage others to follow in the footsteps of the pioneers that made Japan's motor industry what it is today. It is a noble concept, and a precious piece of inspiration for the next generation.

Leo Esaki
Nobel Prize winner

Recently, the industry, science and culture of automobile in Japan have grown to play an internationally important role. There are wisdoms, determinations and efforts of predecessors inherited in various forms. I hope the great achievements of the Japan Automotive Hall of Famers will nourish the youth who create the next generation, and will thus contribute to "The Establishment of a Richer Automotive Society and its Culture."

Dr. Masakazu Iguchi
Tokyo University
Emeritus Professor

米国日産　元代表取締役社長
殿堂者

片山 豊

生涯愛した自動車と共に

私は1960年米国赴任の際に、伝統あるダットサンブランドの伸張と発展を鮎川義介氏と浅原源七氏に誓いました。その後米国市場において多くのダットサン車を販売し、日産自動車の存在を周知することができました。この当然すべき仕事に対して、米国の自動車殿堂入りに続いて、日本の自動車業界において最高の栄誉ある自動車殿堂入りを受けたことは、生涯自動車を愛した私にとって光栄の至りであります。

My lifetime devotion: Automobile

When I left for the U.S. in 1960, I vowed to Messrs. Gisuke Ayukawa and Genshichi Asahara that I would expand and popularize the Datsun brand in the U.S. I was very fortunate that I could sell a great number of Datsun cars and firmly establish the presence of Nissan Motor Corporation in the market. It is my greatest honor to be inducted to the Japan Automotive Hall of Fame following the induction to the Automotive Hall of Fame of America for my achievements in this field for which I devoted all of my life.

Yutaka Katayama
Former President
Nissan North America, Inc.

日産自動車株式会社　元専務取締役
日産ディーゼル工業株式会社　元副社長
殿堂者

田中 次郎

日本人が忘れがちな「過去を振り返る」ことの大切さ

戦後の荒廃の中、電気自動車を作った後にプリンス自動車でスカイラインとグロリアという新車種の開発を担当しました。新しい製品は、思い切った発想と良い物を造ろうという意思が最も大切です。また自動車を作るには、多くの方々の協力とチームワークも重要であり、私はその仲間と共に殿堂入りを受け入れました。今後も日本自動車殿堂には、自動車界に様々な貢献や成果を残された方々を顕彰していただきたい。

Importance of looking back the past: Japanese are apt to forget about.

In the devastation right after World War II, after developing electric cars I took charge of design and production of the new cars, “Skyline” and “Gloria”, in Prince Motors, Ltd. For developing new products, I believe daring concept and firm intention of creating the best products are most important. In manufacturing automobiles, cooperation and good teamwork of various talents are also important. I understand my title of the inductee of the Japan Automotive Hall of Fame is awarded to us including the partners. I hope the Japan Automotive Hall of Fame will continue to recognize people who accomplish various achievements and make remarkable contribution to our automobile society.

Jiro Tanaka
Former Executive Director
Nissan Motor Co., Ltd.

Former Vice President
Nissan Diesel Motor Co., Ltd.

マツダ株式会社　元代表取締役社長　名誉顧問
殿堂者

山本 健一

日本のものづくりの伝承

私はマツダでロータリーエンジンの開発責任者を務めましたが、その過程で痛感したことは、欧米とは異なり、日本の従業員は自分の企業に対する忠誠心が強く、永遠の発展を心から望み、協力を厭わないことです。この風土は、マツダのロータリーエンジンを成功に導く原動力になっただけではなく、これからの“日本のものづくり”にとっても欠くことのできないもので、日本のものづくりの大切さを伝えてゆく、日本自動車殿堂の活動に今後も大きな期待をよせています。

Inheritance of the Japanese manufacturing

I led the developing team of the rotary piston engine project in Mazda Motor Corporation. During the operation I keenly realized that Japanese employees had more intense corporate loyalty than Westerners, hoped everlasting growth of their company and were willing to cooperate. I am assured that this climate was not the motive power to the success only in the rotary piston engine development, but it will remain as the essential factor also for Japanese manufacturing as ever. I am hopeful about the future activities of the Japan Automotive Hall of Fame which hand on the torch of the Japanese manufacturing.

Kenichi Yamamoto
Former President
Mazda Motor Corporation

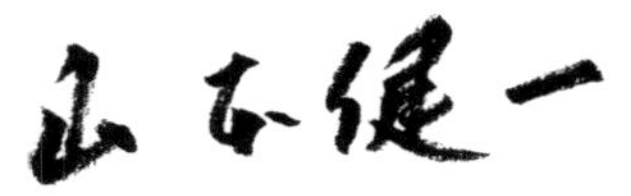

日野自動車株式会社　元副社長
工学博士
殿堂者

鈴木 孝

日本自動車殿堂の顕彰活動

物作りは文化の一つであり、物の価値は常に社会の変動に対応しなければならない。自動車も毎年多種多様なものが生まれるが、それは刻々変化する社会に対応して進歩、改善されている。その中で特に優れたハード並びに関連するソフトなどの開発に貢献された方々が毎年、日本自動車殿堂から表彰される。この活動は車の進歩改善を活性化させるための大きな役割を担っている。この重要な活動のさらなる発展を願うものである。

Honorable recognition by the Japan Automotive Hall of Fame

Manufacturing is one element of the modern culture, and products should correspond to the change of the sense of value of our society. Every year various kinds of automobiles are put on the market and they are improved or advanced reflecting the continuous change of the sense of value. Persons who contribute to the development of the excellent hardware and the relating software for these new products are recognized by the Japan Automotive Hall of Fame. This recognition plays an important role in the advance and progress of automobiles. I wish the Japan Automotive Hall of Fame will play this valuable role even more actively.

Takashi Suzuki
Former Vice President
Hino Motors, Ltd.

BMW Japan株式会社　初代社長
カワサキ モータース コーポレーションUSA　初代社長
殿堂者

濱脇 洋二

未知の分野に挑戦

日本自動車殿堂は政府による公職関係者の顕彰と異なり、民間による日本の自動車産業関係者の顕彰である処に独自性がある。日本の自動車産業は、商品開発、生産技術、販売サービス、共に今や世界のトップ水準にあるが、その背後には未知の分野に挑戦した逸材がいた。日本自動車殿堂は、彼ら先駆者の偉業を顕彰する唯一の民間団体である。第二期の活動再開に当り益々の発展を祈る。

Challenging to explore the unknown fields

The Japan Automotive Hall of Fame is a voluntary organization for awarding persons who made significant achievements for Japanese Automobile Industry, which is being independent from awarding persons for public services with medal graded by Japanese Government. Behind Japanese Automobile Industry, there were various competent pioneers who challenged to newly explore the unknown fields, while its Industry has been at the world top level nowadays in product development, manufacturing technology and sales/service activity as well. The Japan Automotive Hall of Fame is the exclusive organization in Japan for fairly awarding such pioneer's precious achievement. Embarking for its Second Phase, I wish JAHFA will be further successful than ever before.

Yoji Hamawaki
Former President
Kawasaki Motors Corporation USA

Former President
BMW Japan

濱脇洋二

レーサー
株式会社チームクニミツ　代表取締役
殿堂者

高橋 国光

自動車殿堂――それは自動車メーカーの、あるいは研究者の方々の晴れ舞台だと思っていました。15年前、晴天の霹靂のごとく、レーサーである私に受賞が伝えられました。大変に驚くとともに、その名誉に心が震えたものです。ともすれば、危険なイメージが先行してきた自動車レース。そこに脚光を当てて頂き、自動車を使ったスポーツに関わった者として、偉大な先駆者の方々と同列に並べて頂いた。まさにモータースポーツ界が自動車殿堂に認めて頂いた瞬間です。これからも、自動車に携わる多様なジャンルの方々の励みになるような選考を期待いたします。

The Japan Automotive Hall of Fame: I thought it was a grand stage only for the pioneering enterprisers and the genius engineers in the automotive society. Fifteen years ago, however, out of the blue I was informed that I was nominated an inductee of the Japan Automotive Hall of Fame. I was much astonished by the words and stirred deeply by the honor. I have been concerned with the motor racing which is apt to be considered dangerous by the public. Nevertheless, I was treated equally to those towering superiors. This is a monumental moment when the motor racing community was accepted by the Japan Automotive Hall of Fame. I hope the nomination by the Japan Automotive Hall of Fame will encourage persons who are engaged in various channels in our automotive society in future.

Kunimitsu Takahashi
Racing Rider and Driver
President of TEAM KUNIMITSU

Kunimitsu Takahashi

トヨタ自動車㈱　社会貢献推進部　企業・車文化室長　兼
トヨタ博物館　館長
布垣 直昭

日本の自動車文化発展に向けて

車の歴史保存に携わる立場からのひとつの提言は、“クラシック”の再定義です。日本では、クラシックは古いもの、と誤解なさる方もおられるようですが、欧米では“普遍的な価値を持つ”と評されるものには、新品に対しても褒め言葉としてクラシックが使われます。車のクラシックを求めることは、将来を視ることにもつながると思っております。技術革新と同様に、今後の自動車には、性能や価格とは別次元の文化価値も重要です。その礎となる歴史の積み重ねや、時代を超えた価値は大きな財産です。日本自動車殿堂の役割はますます大きくなるのではないでしょうか。

For the development of the automobile culture in Japan

As a person being engaged in the conservation of historic automobiles, I would like to propose to redefine the word “classic”. In Japan, many people seems to misunderstand that “classic” means old. However, in the West people sometimes use the word “classic” even if they praise something new, as it has universal value. I personally believe that seeking “classics” of automobile leads to foresee the future of automobile. As well as the technological innovation, the cultural value will be necessary for future cars, which lies on the different axis from “performance” or “price”. Long history of automobiles and their universal or eternal value is our precious and fundamental asset.
I am convinced that the role of the Japan Automotive Hall of Fame will be more and more beneficial.

Naoaki Nunogaki
Director
TOYOTA AUTOMOBILE MUSEUM

日本自動車博物館　館長
石黒産業株式会社　代表取締役社長
前田 智嗣

先人たちの叡智・自動車文化の伝承

当博物館は日本自動車殿堂者、父前田彰三（1930-2005）が1978年に開館しました。外国車や日本車、古い商用車などの希少な車両を500台以上展示しています。2016年より、日本自動車殿堂が表彰した「日本自動車殿堂歴史車展」を開催し、我が国の先駆的な技術を実物車両で来館者に伝えています。当館は先人たちの叡智・功績を後世に伝えることを目的としており、日本自動車殿堂の協力を得つつ、これからも自動車産業・その文化の発展に貢献したいと思っております。

Wisdom of Pioneers; Inheritance of Automotive Culture

Our museum was established in 1978 by my father, Shozo Maeda (1930–2005), one of the inductees of the Japan Automotive Hall of Fame. The number of its exhibits of rare foreign and domestic automobiles including commercial vehicles is more than five hundred. From 2016 cooperating with the Japan Automotive Hall of Fame, the exhibition of the historic cars recognized by the Japan Automotive Hall of Fame is held to convey their pioneering technologies to the entrants through the originals. I wish our museum will contribute to the automotive industry and automotive culture as ever aiming to bequeath the wisdom and the accomplishments of the pioneers to our posterity.

Satoshi Maeda
Director
Motorcar Museum of Japan

スズキ株式会社　代表取締役会長
殿堂者

鈴木 修

「日本自動車殿堂」の活動に寄せて

安全・環境・情報に関わる技術をはじめとして、自動車産業を取り巻く環境は日々めまぐるしく変化しております。

今までででは考えられなかった発想でのクルマづくりが求められる中で、日本をはじめグローバルで商品やサービスを考える力が求められています。

しかし、どんなに時代が変化しても、ものづくりの根底にある「お客様の立場になった価値ある製品づくり」が最も大切であることに変わりはありません。

自動車殿堂入りされた先人たちが培ったこの揺るぎないものづくりへの知恵や工夫、情熱を、若い技術者の皆さんが学び、受け継いで欲しいと願っております。

そのことが、技術革新やグローバルなものづくりで次世代の人々に大きな夢や希望を与え、脈々と受け継がれるものと確信しております。

今後の日本自動車殿堂のますますのご発展をお祈りいたしております。

Activities of the Japan Automotive Hall of Fame

The environment surrounding the automobile industry today, including technologies for safety, sustainability and information, is changing rapidly as never before.
In the automobile manufacturing, innovative concept as well as capability to plan excellent products and services for domestic and global markets, are now being required.
However, no matter how the world may change, the fundamental principle of manufacturing to "develop products of superior value by focusing on the customer" remain unchanged and most important.
I hope the young engineers will inherit the wisdom and the ideas cultivated by the pioneering inductees of Japan Automotive Hall of Fame, and utilize their knowledge for the industry.
I am convinced that the accomplishments of pioneers, through continued technical innovation and global manufacturing, gives grand dreams and hopes to the next generation and so shall be handed down to future generations.
Lastly, I wish Japan Automotive Hall of Fame further prosperity in the years to come.

Osamu Suzuki
Representative Director and Chairman
SUZUKI MOTOR CORPORATION

株式会社ヤナセ　取締役会長

井出 健義

「日本自動車殿堂」第二期活動に寄せて

日本のクルマ社会と文化の創成発展にご尽力された先達の優れた業績を讃え、永く後世に伝承する日本自動車殿堂の活動に対し、自動車業界の一員として深謝申し上げます。

弊社は欧米の優れた自動車を100年以上に亘り国内のお客様に提供し、『クルマのある人生』を創ることに専心して参りました。将来を展望すると、ICT・AI・電動化等の急速な技術進化やクルマに対する価値観の変化が、今日の自動車社会・文化、更には、自動車産業にどのような大変化(パラダイムシフト)をもたらすか、期待と怖れ半々の思いを抱き、来る大変化に注目しています。その中で、唯一確信している事は、例えどんな変化が起きようが、重力がある限り車輪(Wheel)の回転運動が最も省エネであり、移動手段としてのクルマ、人生を楽しむ手段としてのクルマの重要性は些かも変わらず、進化・発展を続けるということです。

第二期の活動に入られても、より素晴らしいクルマ社会の発展に向けて、日本自動車殿堂の益々のご活躍を期待しております。

Concerning activities of the Japan Automotive Hall of Fame in its second period

As a member of our automotive society I express my sincere appreciation to the activities of the Japan Automotive Hall of Fame which includes celebrating excellent achievements of the pioneers who had exerted to create our automotive society and culture, and bequeathing their achievements to our posterity. Our company has been providing superior western automobiles to the customers for over hundred years and devoting ourselves to create their delightful lives by automobiles. Looking into the future with half hope and half fear we are watching how today's quick changes of technologies such as information and communication technology, artificial intelligence and electrically motorizing, and change of people's sense of value will bring drastic paradigm shift to our automotive society and industry in addition. In this situation the only one thing we are convinced of is that no matter what may happen in future the importance of automobiles which provide measures to travel and enjoy our lives will never be changed and automobiles will continue to evolve and develop because the rotating wheels are the most efficient under the gravity. In the second period of the Japan Automotive Hall of Fame, I hope it will be more active aiming at the progress for the greater automobile society.

Takeyoshi Ide
Director and Chairman of the Board
YANASE & CO., LTD.

芝浦工業大学　理事長

五十嵐 久也

日本自動車殿堂の活動に寄せて

日本の自動車産業・自動車研究・自動車文化の諸活動に人生を捧げた多くの先人に心からの敬意を表します。次代の若人に日本の自動車について伝承することは、誠に意義深いことです。日本自動車殿堂の活動が、史実の継承にとどまらず産業の新たな道創りや価値の創造をもたらすことに強く期待します。

時代は激しく動いています。予測を超える激動の時代に向かっています。産業はもとより、学術や価値観の多様化、そして学際化、グローバル化への歩みが本格化しています。次代を担う若き人々の新たな発想による「モノ創り・コト創りへのチャレンジ」が不可欠です。共に考え、共に歩み、そして何よりも活動の継続が重要であると考えます。

日本自動車殿堂の益々のご発展を衷心より祈念いたします。

On the activities of the Japan Automotive Hall of Fame

I would like to express my highest respect for the pioneers who devoted their life to the activities for automotive manufacturing, automotive research and development as well as automotive culture of Japan. Handing down the history and Japan's automotive culture to the next generation is absolutely meaningful. I earnestly hope that the activities of the Japan Automotive Hall of Fame will be not only tracking the historical facts, but also bringing a new wave and creating a new value to the industry.
The world is changing rapidly and facing turbulent times which goes beyond our expectations. We must accept and understand the diversification in both academic and personal values as well as the ones in industry, and the trends toward interdisciplinary and globalization. Therefore, the challenging spirit for innovation in manufacturing and services by younger people is indispensable. I believe that it is important for us to think together and advance together, and to continue the activities.
I sincerely pray for further development of the Japan Automotive Hall of Fame.

Hisaya Igarashi
Shibaura Institute of Technology
Chairman of the Board Directors

株式会社ヤナセ　代表取締役社長執行役員

吉田 多孝

日本自動車殿堂の活動に寄せて

日本の自動車産業・自動車文化の創成発達に尽力された先達の優れた業績を讃え、永く後世に伝承する日本自動車殿堂の活動に対し、業界の一員として感謝申し上げます。

自動車の電動化やコネクテッドの浸透、自動運転の台頭、更には若者の自動車離れとも相まって所有から共有への流れなど、自動車産業は激変の時代を迎えています。次代を担う若者達の夢と希望、そして大いなる目標と創造性を育むために、今後も日本自動車殿堂の活動が広く浸透し、益々発展されますよう祈念致します。

Compliment on the Activity of Japan Automotive Hall of Fame

As a member of the automobile trade, I fully appreciate the activity of Japan Automobile Hall of Fame that is recognizing outstanding accomplishments of the pioneers who labored for the creation and development of the automotive culture and bequeathing their achievements to posterity.

Now our automotive society is moving to the era of revolution in which electric motive power, connected vehicle technology and autonomous drive control technology are penetrating and a trend that young people turn away from driving and a trend of transition from owning to sharing cars are observed in addition. In order to cultivate dreams, desire, high-minded objective and creativity of young people of the next generation, I hope the activity of Japan Automobile Hall of Fame will disseminate more widely and develop more actively hereafter.

Kazutaka Yoshida
Representative Director,
President and Chief Executive Officer
YANASE & CO., LTD.

日野自動車株式会社　代表取締役会長

市橋 保彦

日本自動車殿堂の活動に寄せて

いつの時代にも、自動車は人々の自由な移動と経済の動脈である物流を支え、豊かな社会の実現に貢献してきました。先人の培ってきたものづくりの知恵と情熱、想いに心から敬意を表するとともに、これらを未来につなげていくのが、変化の激しい時代を生きる我々の努めでもあります。歴史の中に普遍的な価値を認め、新たな価値を創造し次世代へ受け継いでいく。この自動車殿堂の活動が、大きな役割を果たしていただけるものとして期待しております。

Compliment on the Activity of Japan Automotive Hall of Fame

Automobiles have been contributing to the realization of the fertile society supporting free traffic of people and reliable transportation of supplies as an artery of economic activity at all times. Respecting truly our pioneers who cultivated wisdom, passion and ideas of manufacturing and bequeathing their achievements into the future generation is our duty in this rapidly diversified world. I hope the activity of Japan Automotive Hall of Fame will play a vital role of recognizing universal value in the history, creating new standards and transferring these efforts to our next generation.

Yasuhiko Ichihashi
Chairman of the Board
Hino Motors, Ltd.

市橋 保彦

フォルクスワーゲン グループ ジャパン株式会社　元社長
日本自動車輸入組合　元理事長

梅野 勉

21世紀も自動車の世紀？

20世紀が自動車を代表とする機械文明の世紀だったとすると、21世紀はどんな時代と総括される世紀になるのだろうか。悪化する地球環境や食料供給の問題など、人類史的な課題への解決の道筋がその答えになるだろう。
自動車とともに人類が初めて手にいれた個人の自由なモビリティを、未来に向けて担保していくために、自動車とその産業の変革と進化は必須である。そしてその課題への貢献は正しく認知、顕彰されなければならない。日本自動車殿堂の活動に大いに期待するところである。

Will the 21st Century be Another Century of Automobile?

When we labeled the twenty century as the century of mechanical civilization in which the automobile played the leading character, then, what can we name the twenty-first century? The answer will be in the process for the solution to the issues in the history of human being concerning deteriorating global environment and insufficient provision supply.
In order to preserve the free personal mobility achieved by the automobile for the first time in the human history and to hand over the technologies to the future generation, revolution and evolution of the automobile and the automotive industry should be essential. Then the contribution to these challenges should be duly acknowledged and recognized. I am genuinely hopeful about the activity of the Japan Automotive Hall of Fame.

Tsutomu Umeno
Former President
Volkswagen Group Japan KK

Former Chairman
Japan Automobile Importers Association

米国在住自動車コンサルタント
早稲田大学モビリティ研究会実行委員(米国支部)

大澤 三保

歴史は繰り返す——新時代に向かって

19世紀末から内燃機関の自動車が登場し、自動車業界では、これまでに自動車技術のみならず、あらゆる分野で大きな偉業を成し遂げ、社会に貢献した方たちが現れました。
歴史は繰り返すと言われていますが、過去の功績は、新時代に多くの知識を与え、新しい歴史を作り出すことに重要な役割を果たしています。自動車殿堂を通して、過去から次世代へのメッセージを伝え、自動車業界が更に発展することを期待しています。

History repeats itself: Toward a new era in automotive industry

Internal combustion engine automobiles emerged in the late 19th century. Along with emerged technologies, a number of people have been recognized for remarkable achievements and contributions to the society not only in technology innovation but also in every aspect. We hear the phrase of "History repeats itself". The past accomplishments bring knowledge to the next generation, and play significant roles for the creation of new history. The Japan Automotive Hall of Fame is the medium to deliver messages from the past to the new generation, and continuously supports the evolution of the automotive industry.

Miho Ohsawa
Automotive Consultant

目　次

日本自動車殿堂者及び歴史遺産車の選定にあたって

日本自動車殿堂
研究・選考会議議長
鈴木　一義

日本自動車殿堂者及び歴史遺産車の選定は、「自動車社会構築の功労者」を選考主題(テーマ)とし、日本自動車殿堂内に設置された研究・選考会議において議論された。

殿堂者においては「自動車社会構築の功労者」を選考主題(テーマ)とし、具体的な選考基準については、当初からの議論や経過を参考とし、殿堂者の選考を先人の業績と顕彰にとどめることなく、現代そして将来に向けてたゆみない努力を続けている方々も選考対象とし、さらに設立趣旨にもとづき、自動車産業や学術はもとより、文化的な活動の分野にも選考対象が及ぶことを前提とした。

下記の通りに選考基準を設け、日本自動車殿堂者の選考を行なった。

（1）技術分野：日本独自の自動車技術開発に尽力された方
（2）産業分野：日本の自動車及び自動車産業の基盤を開拓された方
（3）学術分野：日本の自動車工学・学術に貢献された方
（4）社会分野：日本の自動車社会の発展に貢献された方

歴史遺産車においては、「歴史遺産車とは、自動車産業そして自動車交通および自動車文化の発展に貢献した歴史に残すべき自動車」として、主としてコンセプト、技術、スタイル、バリューフォーマネー等に優れた自動車であり、乗用車全般に加え、二輪車、三輪車、商用車、競技車両、特殊用途自動車などを対象として、研究・選考会議において議論された。

以上の選考主題及び選考基準により、本年度は次の方々及び歴史遺産車が研究・選考会議において殿堂者候補、歴史遺産車候補として選考し、日本自動車殿堂理事会に推薦して決定された。

日本自動車殿堂者の選定の手続きは、特定非営利活動法人　日本自動車殿堂定款第３条(目的)、第４条(特定非営利活動の種類)、第５条(事業の種類)、日本自動車殿堂運営規程第６章(顕彰)および日本自動車殿堂研究・選考会議規程に基づいて行なっている。

Selecting the Japan Automotive Hall of Fame Inductees and Historic Cars of Japan

Kazuyoshi Suzuki
Chairman of the Selection Committee
Japan Automotive Hall of Fame

To determine the JAHFA inductees and historic cars of Japan, a Selection Committee, composed of the representatives from the Japan Automotive Hall of Fame membership, was organized and discussed in detail.
As regards the inductees, the primary theme of the Committee is searching out contributors who established our automotive society. As for the practical criteria, referring to the JAHFA policy since the very beginning, the consideration and recognition of the inductees is not strictly limited to the achievements of people from the past, but also includes those still active in their particular field.

Themes and criteria set for this year's selection of inductees were as follows:

(1) Field of technology: a person who has exerted great efforts in the development of original Japanese automobile technology.
(2) Field of industry: a person who created a firm foundation from which the Japanese automobile and its industry could be developed.
(3) Field of academic activities: a person who has contributed to Japanese automotive engineering and scholarship.
(4) Field of social activities: a person who has contributed to the furtherance of the Japanese automobile in society, promoting car culture.

As regards the JAHFA historic cars of Japan, they are defined as vehicles which are worth conserving for our history through their contribution to the progress of Japanese automotive industry, road transportation and automotive culture. The Selection Committee examined primarily their superiority in their design concept, technology, external design and value for money, including motorcycles, three-wheeled vehicles, commercial vehicles, racing cars, special purpose vehicles in addition to the general passenger cars.

Based on the above guidelines, the Selection Committee duly nominated a group of people for induction into the Japan Automotive Hall of Fame and cars for recognition, with their proposal being put before the JAHFA Board of Directors for final approval.

The procedures of selection of the JAHFA inductees are carried out under the following rules and regulations: Articles of Association of the Non-Profit Organization Japan Automotive Hall of Fame, Article 3 (Purpose), Article 4 (Type of Activities of the Non-Profit Organization), Article 5 (Type of Business, Regulation of the Operation of the Japan Automotive Hall of Fame), Article 6 (Recognition), and the guidelines of the Selection Committee of the Japan Automotive Hall of Fame.

理事（デザイン担当）
山本 洋司

Yoji Yamamoto
Designer, Director

株式会社ビジュアルメッセージ研究所　代表取締役社長
President & Representative Director of Visual Message Inc.

〈主な作品〉

〈主な経歴〉
1968年（株）日本デザインセンターに入社、トヨタ自動車の広告・SP制作を（国内10年・海外20年）担当。国鉄民営化JR発足のCI総合計画に参加し、JRマーク、各社名ロゴを制作。トヨタ会館のディスプレーグラフィックを担当、レクサス開業プロジェクトに参加した。オリジナルのタイポグラフィック・アート作品もニューヨーク近代美術館に永久保存されている。

(Main work record)
Yoji Yamamoto got employed with Nippon Design Center in 1968 and took charge of the domestic and the oversea advertisement and the sales promotion of Toyota Motor Corporation for ten and twenty years respectively. He participated in the comprehensive project of corporate identity when Japan Railways started, and created the trademark of JR and the logo of each company. He also took charge of the graphic display of Toyota Hall, and joined the launching project of Lexus.
His original typographic arts are preserved permanently in The Museum of Modern Art, New York.

トロフィーの制作意図

トロフィーは、透明なクリスタルの「石」で水晶をイメージしています。
この宇宙を思わせる空間に（JAHFAのロゴで屈折によってできる空間）自動車文化の永遠の未来と殿堂入りされた方々の価値ある生涯を刻み、日本自動車殿堂の限りない将来を表現しました。

Design concept of the Trophy

We intended to create the image of a crystal - a transparent and clean stone.
The eternal future of the automotive culture and the valuable career of the Inductees are carved in a space suggesting the Universe—generated by the refractions from the JAHFA logo—thus expressing the limitless future of JAHFA and its work.

JAHFA
JAPAN AUTOMOTIVE HALL OF FAME

表彰状

本田 宗一郎殿

あなたは独自の自動車観を持ち
絶え間ない技術の創出とチャレンジによって
世界水準を凌駕する高性能ホンダ車を実現し
いち早く海外各地に進出を図り
真のグローバル化の先鞭を付けられました
その偉業をたたえ
ここに日本自動車殿堂者の称号を贈り
表彰致します。

2002年1月21日
特定非営利活動法人
日本自動車殿堂
会長 小口泰平

表彰状の制作意図

大自然の素材にこだわり、見た目にも触っても、やすらぎ感があり、落ち着き、和のおもむきを感じさせるイメージにこだわりました。
この和紙は特別に注文し、普通よりも厚く造ってもらっています。厚くすることでより品質感を表現しています。和紙の名前は「雁皮鳥の子」といいます。和紙の三大原料「こうぞ」「みつまた」「雁皮」とありますが、最高の素材である「雁皮」を使用し、特注して土佐の高知で造ってもらいました。漂白などの手を加えない素材そのものの色に、格調のある強い明朝体を濃い緑の色で刷ることで大自然のイメージにこだわりました。

Design concept of the Testimonial

We intended to create the image of 'wa'（和）—which also means peace or harmony—with natural materials that suggest contentment and comfort both via sight and feel. We specially ordered the paper from Kouchi, Japan, and had it made thicker than usual to express excellence. The paper is named 'Ganpi-kanoko' considered to be the best among the three major materials used for Japanese paper: 'kouzo', 'mitsumata' and 'ganpi'. Deep green characters printed on the non-bleached natural color of ganpi hints at our image of Mother Nature.

ロゴマークの制作意図

JAHFAのロゴは安定感のある「石」で建設した柱（ギリシャのパルテノン神殿）のイメージ。Jは日の丸、AHFAのAとAを結ぶラインは「人と人」「人と物」「人と社会」とのコミュニケーションを示し、「過去」「現在」「未来」を見据える位置に日本自動車殿堂の存在があることを表現しています。

Design concept of the JAHFA Logo

The image derives from the stability of stone columns of the Parthenon in Athens. The 'J' expresses the "Sun Flag", and the line connecting the two As in 'AHFA' signifies the communication between human beings and their interaction with objects and society, thus expressing the existence of JAHFA in a position gazing past, present and future.

表紙の制作意図

人類が道具を使うようになって、火の文化、土の文化、木の文化、石の文化、鉄の文化などが発展してきました。さまざまな文化の中でも、日本自動車殿堂の存在するイメージは「石」をテーマに考えています。アルタミラの壁画や古代エジプト、ギリシャの時代より、石に刻まれた文字や絵は現在まで永遠にその記録を伝えています。日本自動車殿堂入りされた方々を永遠に後世に伝えるために、「石」に刻まれたイメージで表現しました。

Design concept of the Cover

Since the first use of tools, mankind has developed cultures of fire, earth, wood, stone and iron. Among these various cultures, JAHFA considers 'stone' as the image of its existence. Since the cave art of the Altamira, from the ancient Egyptian and Greek era, letters and images carved on stone continue to send messages to us. We intended to express such an image of "carved in stone" to hand on the legacy of the Inductees to the ages yet unborn.

2018 日本自動車殿堂 殿堂者（殿堂入り）

Japan Automotive Hall of Fame, Awarded Inductees of 2018

選考主題　自動車社会構築の功労者

Theme of selection: Person of merit who has furthered the cause of motoring

JAHFA
JAPAN AUTOMOTIVE HALL OF FAME

表彰状

大倉喜七郎殿

あなたは大倉財閥２代目総帥としての活躍と共に
日本人レーサーの先駆者として
自動車レース黎明期の基盤を築き
自動車輸入販売会社や日本自動車倶楽部の設立など
自動車文化を先駆し多くの功績を残されました
その偉業をたたえ
ここに日本自動車殿堂者の称号を贈り
表彰いたします

2018年11月15日
日本自動車殿堂
会長　藤本隆宏

日本の自動車レースと自動車文化を先駆

Pioneer of the motor racing and culture of automobile in Japan

大倉 喜七郎 氏

Mr. Kishichiro Okura

JAHFA
JAPAN AUTOMOTIVE HALL OF FAME

表彰状

中川良一殿

あなたは航空機のエンジン開発の後
プリンス～日産自動車にて自動車のエンジンの開発
R380などによるレース活動への参戦
さらに電子制御技術など革新的技術に挑戦し
自動車の総合性能技術の発展に多大なる貢献をされました
その偉業をたたえ
ここに日本自動車殿堂者の称号を贈り
表彰いたします

2018年11月15日
日本自動車殿堂
会長　藤本隆宏

日本の航空機・自動車の総合性能を跳躍させた偉大な技術人

The giant engineer, improved the performance of Japanese airplanes and automobiles drastically in every aspects

中川 良一 氏

Dr. Ryoichi Nakagawa

JAHFA
JAPAN AUTOMOTIVE HALL OF FAME

表彰状

秋山良雄殿

あなたはスバルにおいてわが国初の
アルミ合金製の水冷式水平対向エンジンに取り組み
コンパクトにまとめた軽量かつ低重心の
高出力高耐性のエンジンを開発し
自動車の技術の発展に多大なる貢献をされました
その偉業をたたえ
ここに日本自動車殿堂者の称号を贈り
表彰いたします

2018年11月15日
日本自動車殿堂
会長　藤本隆宏

わが国初の水冷式水平対向エンジンの生みの親

Father of the first water-cooled horizontally-opposed cylinder engine in our country

秋山 良雄 氏

Mr. Yoshio Akiyama

男爵　大倉財閥2代目総帥（ホテルオークラ創業者）
日本自動車合資会社及び日本自動車倶楽部の創立者

大倉 喜七郎

日本の自動車レースと自動車文化を先駆

大倉喜七郎（おおくら　きしちろう）**略歴**

1882（明治15）年　6月16日東京生まれ（父喜八郎氏の長男）。
1900（明治33）年　学習院予備科、初等学科を経て、慶應義塾幼稚舎、正則中学を経て、イギリスのケンブリッジ大学トリニティ・カレッジに留学。
1907（明治40）年　7月6日、英国ブルックランズの自動車レースで2等賞に入る。
1910（明治43）年　日本初の自動車団体「日本自動車倶楽部」を結成。
1911（明治44）年　4月、川崎競馬場でマースの飛行機と自動車での競走に勝つ。
1912（大正元）年　「喜七」を「喜七郎」に改名。
1922（大正11）年　以降、父親に代わり帝国ホテル会長に就任。
1924（大正13）年　日本棋院を設立。
1930（昭和5）年　イタリアのローマで開催された「日本美術展覧会」を全面支援、同時代の日本画を海外に紹介。出品作より主な作品を、理事長を務めていた「大倉集古館」に寄贈。
1931（昭和6）年　私財を投じて札幌大倉山ジャンプ競技場の建設。
1936（昭和11）年　川奈ホテルを設立。
1937（昭和12）年　赤倉観光ホテルを設立。
1962（昭和37）年　ホテルオークラを設立。
1963（昭和38）年　2月2日逝去。（享年80歳）

賞歴

1963（昭和38）年　2月5日、従三位勲一等瑞宝章を受章。

日本人最初のレーサー

大倉喜七郎氏(以下喜七郎氏)は、日本自動車レースの先駆者である。父は明治維新の政商で、大倉財閥を築いた大倉喜八郎氏。喜七郎氏は、英国に留学中に自動車を購入し、自ら分解修理なども行った。また、喜七郎氏は1907(明治40)年の7月6日に開催された英国ブルックランズ・グランプリのモンタッグ・レース(参考：2.8マイル〔4.43km〕の楕円形のバンクを有したコース、走行距離は30マイル〔48km〕)にフィアットで出場した。

日本人としてはもちろん初の自動車レース参加であったが、この日のために、喜七郎氏はわざわざイタリアまで行って、1万5000円もするフィアット125馬力車を購入してレースに臨み、欧米の一流ドライバーを相手に快走、メルセデスで優勝したJ. E. ハットンに次いで2位に入賞するという快挙を成し遂げて、並み居る観衆を驚かせ、現地の新聞雑誌に大きく報道された。

この件について、喜七郎氏が「時事新報」紙上で述べている内容を部分的に紹介する。

「自分は当時ケンブリッジ大学にいたが、ある晩学友と世間話をしていたとき、その中のひとりが、日本は確かに日露戦争で欧州人に勝利はしているが、こと自動車競走ではとても対抗できまい、と冷やかされたので、なに自動車競走だってやれば負けやしない、と反発して、ついに出場する羽目になってしまった。そこで、学校の休みを利用してイタリアに出掛け、フィアットを買い、練習かたがたトリノからアルプス山脈のモンセニースの峠を越えてフランスのエッキスラバーンに下り、英国にもって帰ってレースに参加した。いよいよ当日になって、まず色々なレースがあって、それを切り抜けてモンタッグ・レースに参加した。幸運なことに2等賞に入り、4000円の賞金を手にした時には天にも昇るような心地であった。この時の平均時速は92マイル(148キロ)で、自分はそれからも97〜98マイルまでは出したことがあるが、どうしても100マイルの壁を破ることができなかった。」とある。

1907(明治40)年6月22日発行の写真版ロンドン・ニュースや、7月13日発行の写真雑誌「グラフィック」にはフィアットのハンドルを握っている喜七郎氏の勇姿や、レース出場した時のマスク姿が掲載されている。レース前のロンドン・ニュースには、「日本の紳士であり、当時の著名なモータリストである喜七郎氏はフィアット3台を所有しているが、その技量は抜群であるからレースに優勝する可能性は十分にある。喜七郎氏はブルックランズのオープニング記念レースに出場するため、今回特に125馬力のフィアットを購入した」と紹介しているから、喜七郎氏はモンタッグ・レースに出場する前に、英国ではすでにレーサーとしての腕前を評価されていたのである。

また、英国の自動車誌「The AUTOCAR」(1907 July 13th)に、レースの様子が記載されている。

先頭を走っていた3台のうち、米国のスピードキング、デモジェットはタイヤのバーストで落ち、そして、レスタ、ハットンに続き、喜七郎氏は3位に位置していた。しかし、レスタはラップシグナルを誤解して別のラウンドに行ってしまうミスをしてしまった。結果的に、メルセデスのJ.E.ハットンが1位、フィアットの喜七郎氏は2位になった。

このようなレース経過で、喜七郎氏が3位から2位になったことが記載されている。

川崎競馬場でマースの飛行機と自動車での競走に勝つ

喜七郎氏は、また、帰国後に、このフィアットの他にイソッタ・フラスキーニ(伊)、ジゼール(仏)を持ち帰った。

その後、1911(明治44)年5月、喜七郎氏は、川崎競馬場の有料イベントで、喜七郎氏のフィアット・レーサー100馬力と米国人飛行家パット・マース氏の複合機と競走した。

レースの初日は渡辺志骨がハップモビル車で挑戦して敗れ、次いで山口勝蔵がリーガル車で敗れたため、悔しがった日本の自動車ファンは、それでは大倉喜七郎氏のフィアットかイソッタのレーシングカーしか勝てない、というので、喜七郎氏の許可を得てイソッタを持ち出した。

はじめ佐藤武夫が運転し、山中良作が助手を務める予定だったが、夫人と一緒に見物に来ていた喜七郎氏が、場内の雰囲気に、俺が運転する、と言い出して佐藤武夫を助手にしてハンドルを握り、見事にマースの飛行機赤鬼号を負かして、観衆の歓呼に応えたのであった。

日本自動車合資会社（輸入販売）設立及び天皇陛下用自動車のはじめ

大倉喜八郎氏の御曹司であった喜七郎氏は、上記ブルックランズ・グランプリのレースの後、帰国後に、「日本自動車合資会社」（輸入販売）を設立して、フィアットをはじめディムラーなどの各種輸入車販売につとめた。日本の自動車界の第一人者として、尽くした功績は大きかった。

また、皇室が自動車採用に積極的となり、陛下の乗用車をはじめ外国からの貴賓接待用に自動車を購入しようという話があったのは1910（明治43）年の末頃であった。外国の貴賓がたびたび訪日するようになり、一時は民間の自動車所有者から借り上げて間に合わせていたが、それでは不自由だし、世界の一等国をもって自認している日本の威信にもかかわる、というので陛下の乗用車をはじめ随員用車まで含めて一度に10台ほど購入することになった。そこで日本自動車合資会社が大きな任務を果たし、社長の喜七郎氏が皇室の車の買い入れに様々な貢献をしたのである。

「日本自動車合資会社」より購入された、ハンバー・ランドレー型は宮内庁に残されている歴代御料車写真帳にある。また、「日本自動車合資会社」でハンバーは1909（明治42）年の警視庁登録自動車36台中最多の７台を占めた。

日本初の自動車団体「日本自動車倶楽部」を創立

もうひとつ、喜七郎氏の功績のひとつには、1910（明治43）年の日本初の自動車団体「日本自動車倶楽部」の設立がある。設立に当たって常務委員長として中心人物となり、1910年12月に帝国ホテルで発会式が行われた。当時のオーナーは外国人が多く、その大半が倶楽部に加入していたうえ、日本人オーナーも主だった人々はみな加入した。

そのため、自動車業界における有力な団体となり、販売業者、整備業者、関係官庁などは倶楽部の動きを重視するようになる。

例えば、当時は諸外国にならって自動車税の課税基準として馬力数を採用することが決まった。しかし当時の警視庁は各車の馬力を計算することができず、また資料を集めることもできなかった。

そのため、「日本自動車倶楽部」がこの決定権を受け止め、自動車税問題実行委員会をつくって調査に当たり、倶楽部発行の証明書に従って課税馬力を決めたのである。なお、この方式が採用されるまでは自動車と自転車は税金が同額、というおかしな時代であった。

大倉財閥２代目総帥としてホテル事業で活躍・屈指の趣味人

喜七郎氏は、帰国後に大倉財閥２代目総帥として、ホテル事業においても活躍し、帝国ホテル、川奈ホテル、ホテルオークラ等数多くのホテルの設立や経営に携わり、近代的ホテル経営に先駆的役割を果たした。

また、屈指の趣味人としても知られ、囲碁、舞踊、ゴルフなどに多彩な才能を発揮し、特に音楽ではオペラ歌手・藤原義江を支援したほか、新邦楽の一種である「大和楽」を創設し、尺八とフルートを合わせた新しい楽器「オークラウロ」を開発するなどした。

「バロン・オークラ」と呼ばれ親しまれた。

大倉喜七郎氏は、日本の自動車レースを先駆するのみならず、自動車文化他、多才な先駆者として非常に多くの功績を残した。

（工学院大学教授　工学博士　野崎博路）

英国ブルックランズ・レース場開催記念レースに、２位になった喜七郎氏とフィアット。

フィアットに乗っている喜七郎氏と、モンタッグ・レースでの競走の光景。

喜七郎氏のフィアット100馬力と米国人パット・マース氏の飛行機の競走、数秒の差で喜七郎氏のフィアットが勝ったと報じられた。1911(明治44)年。

日本で初めての自動車レース、主催は米国日本人自動車研究会。目黒競馬場にて。1915(大正４)年。

喜七郎氏が英国から持ち帰ったフィアット。

運転は喜七郎氏、後方は、右より伊藤博文、有栖川宮威仁親王(1862~1913)、明治41(1908)年夏撮影。

日本自動車合資会社の陳列場(東京赤坂区溜池30番地)。

日産自動車株式会社　元専務取締役

中川 良一

日本の航空機・自動車の総合性能を跳躍させた偉大な技術人

中川良一(なかがわ りょういち)略歴

1913(大正２)年　４月27日生まれ

学歴

1936(昭和11)年　東京帝国大学工学部機械工学科卒業
1954(昭和29)～65(昭和40)年　東京大学工学部講師(航空原動機学科)
1961(昭和36)年　工学博士(東京大学)

職歴

1936(昭和11)年　中島飛行機(株)入社、航空発動機設計を担当(「栄21型」「誉11/21型」の設計を手掛ける)
1945(昭和20)年　終戦。中島飛行機(株)は富士産業(株)に改組
1950(昭和25)年　富士精密工業(株)技術部長兼営業部長
1951(昭和26)年　富士精密工業(株)取締役
1961(昭和36)年　富士精密工業(株)がプリンス自動車工業(株)と改称
1966(昭和41)年　プリンス自動車工業(株)が日産自動車(株)と合併。日産自動車(株)常務取締役となる
1969(昭和44)年　日産自動車(株)専務取締役
1977(昭和52)～84(昭和59)年　日本電子機器(株)取締役会長
1979(昭和54)年　日産自動車(株)技術顧問
1990(平成２)年　日産自動車(株)中央研究所嘱託
1998(平成10)年　７月30日逝去　85歳

その他

1967(昭和42)年　日本機械学会副会長(後に名誉会員)
1972(昭和47)～76(昭和51)年　日本自動車技術会会長(後に名誉会員)
1974(昭和49)～80(昭和55)年　国際自動車技術会(FISITA)副会長
1976(昭和51)年　米国SAE(自動車技術会)フェロー会員
1987(昭和62)年　日本工学アカデミー副会長

夢見る技術人

「私は飛行機屋以来、常に夢を持って将来を切り開くことに努力してきたことが大部分である。(中略)いつまでお役に立つかはわからないが、私の愛唱曲の一つであるスティーブン・フォスターの夢見る人(ビューティフル・ドリーマー)を口ずさみつつ、将来を望んで進みたいと思っている。」……中川良一氏の1990年の著書の、あとがきの最後に書かれた言葉です。

中川氏は、その技術の確かさ、発想の柔軟さで日本の航空機と自動車の総合性能を飛躍的に引き上げた、近代日本が生んだ偉大な技術人でありました。その偉業の根底にあったのが「こんなことができたら……」という「夢」の力だったのだということを、筆者はこの一節によって改めて教えられる思いです。

奇跡のエンジン

1913(大正２)年生まれの中川良一氏は、1936(昭和11)年に東京帝大工学部から中島飛行機へ入社した当時のことを「私は割合にノンビリと大学時代をスポーツや音楽鑑賞などを楽しみながら過ごした。この業界に飛び込んだので、責任の重さを感じ、かつ将来への大きな抱負で背筋に冷たく緊張が走る思い」だったと述懐しています。

中島飛行機は当時、航空機開発・製造の領域では三菱重工としのぎを削るトップメーカー。23歳の若者が国防の最先端を担う緊張感は、現代のわれわれには想像を絶します。そんな中川青年の初の大仕事は、翌1937(昭和12)年、中島製の空冷複列星形14気筒エンジン「栄11型(ハ25)」の高出力版「栄21型(ハ105)」の設計でした。主任設計者としての抜擢です。研究部の戸田康明氏と組んで「燃焼・発熱・冷却」の各現象を基礎から再研究した彼の設計による栄21型は最高出力1100馬力に達し、社内で「空冷エンジンは1000馬力が限界」とされていたジンクスを打破した画期的なエンジンでした。外径もコンパクトで軽量なことから、太平洋戦争前半の日本を支える海軍零式(通称：ゼロ戦)や陸軍一式「隼」といった名機に搭載されていったことがよく知られています。

さらに1941(昭和16)年、栄21型の設計に残る性能向上の余地を指摘した上司の言葉をヒントに、栄21型のコンパクトさを生かしたまま複列星形18気筒化に取り組んだ「誉」は、新技術を一度考え出したら止まらない性格の彼の類稀な情熱によって、確かな理論と斬新なアイディアにあふれ、日本の航空機エンジンが初めて2000馬力を突破した「奇跡の名機」でした。当時の世界水準に並んだ、あるいは追い越したとも評される「誉」は、複合的要因で量産時の性能低下や不具合に悩まされはするものの、その後の海軍N1K1-J「紫電」、N1K2-J「紫電改」、陸軍四式「疾風」といった機体に載って、大戦末期の日本の主力を担い続けます。こうして、中島時代の中川青年は、日本の誇る天才技術者として時代の先端へ躍り出ることになったのです。

自動車用ガソリンエンジンへ

終戦後、中島飛行機が12社もの中小企業に分割された後、中川氏は旧荻窪工場を拠点とする「富士精密工業」に属します。創業者・中島知久平氏がかつて「戦争に負けたら自動車をやる」と構想していたことから、自動車への進出を目指しながらも足踏みが続き、農業用ディーゼルエンジン、ミシン、映写機製造などで細々と事業をつないでいた同社に転機が訪れたのは翌1951(昭和26)年です。

旧立川飛行機から派生した電気自動車メーカー「たま電気自動車株式会社」(1951＝昭和26年11月から「たま自動車」)が、前年に勃発した朝鮮戦争の影響で鉛の暴騰に見舞われ、電気自動車をやめてガソリンエンジン車への転換を余儀なくされていたのです。機体技術が中心だった同社はエンジン技術に乏しく、朝鮮戦争勃発直後の1950(昭和25)年７月から富士精密へエンジン供給の可能性を打診。技術部長兼営業部長だった中川氏が、これこそ自動車への転換につながる好機である……と社内を説得したことでこの提携は実を結び、当時の日本にライバルのいないニッチ市場の1.5ℓクラスに照準を定めた水冷直列４気筒のガソリンエンジン「FG4A型」が完成したのは1951(昭和26)年12月のことでした。

初めて手掛ける自動車エンジンゆえ、慎重を期してプジョー製1.2ℓエンジンを手本にしながら排気量を拡大したFG4A型は、当時の日本の水準を大きく超える高出力と優れた耐久性で、たま自動車側の期待に十二分に応える完成度を実現していました。この優秀性は、中島時代から実施してきた徹底的な各種性能試験の賜物だったといえます。当時の日本の自動車は開発過程での実験・試験が徹底されず、現代では考えられないレベルの不具合があふれる中で、中川技術部長率いる富士精密製エンジンの優秀性は、ここでも頭抜けていたのです。このエンジンがたま自動車初のガソリンエンジン車となる「プリンス・セダン」「プリンス・トラック」に載ってデビューするのは、1952(昭和27)年春のことでした。

「スポーツカー」と「モータースポーツ」への夢と情熱

ブリヂストンの創業者として知られる石橋正二郎氏が出資するたま自動車(1952＝昭和27年11月より「プリンス自動車工業」)へのエンジン供給が縁で、自動車産業の成長性を見据えた石橋氏の説得もあり、富士精密工業は、石橋氏の出資のもとで1954(昭和29)年に同社と合併します。主力に軌道に乗りつつあったプリンスブランドの乗用車・商用車で、その時代に先駆けた技術志向のクルマづくりは、規模で勝る老舗メーカーにも一目おかれる存在へ育っていきました。

そんなさなかの1955(昭和30)年、中川氏は欧米の航空機・自動車メーカー視察旅行中、美しいスポーツカーが居並ぶスイスのジュネーブオートショーと、スイスのエリコン社の重役、ガーバー博士の注文した新車のメルセデス300SLを偶然目にしたことで、「自分たちもいつかこんな美しいスポーツカーを作ってみたい」というヴィジョンを持ちます。これも「夢見る技術人」の発露でした。そして、彼の主導で、富士精密製の「グロリア1900」のシャシーにジョヴァンニ・ミケロッティの手による美しいスタイリングのボディを載せた「プリンス・スカイライン・スポーツ」が本場イタリアのトリノオートショーでデビューするのは、その5年後の1960(昭和35)年。「日本車がついに最新モードをまとった」とセンセーションを巻き起こします。イタリアのデザインによる最初の日本車の誕生でした(2年後の1962＝昭和37年に発売)。この後、イタリアのデザイン工房とタッグを組む日本メーカーが相次ぎ、一大ムーブメントになっていくのは広く知られる通りです。

さらに、1962年にプリンス自動車工業(1961＝昭和36年に富士精密から改名)が「スカイライン」でベルギーの「リエージュ・ソフィアラリー」へ参戦したことでベルギーを訪れていた中川氏は、ちょうどスパ・フランコルシャンサーキットで開催されたＦ１ベルギーGPを部下の櫻井眞一郎氏とともに観戦したとき、サーキット中がカストロール潤滑油の香ばしい匂いで充満していたことで、かつての航空機エンジン開発現場の記憶を瞬時に呼び起こします。彼はすぐさま「この匂いのする技術開発でわれわれが負けるはずがない。最高のエンジン技術と最高のシャシー技術のクルマでレースを制覇してみたい」という「夢」を櫻井氏と分かち合います。この夢は、間もなく始まる日本のモータースポーツシーンを舞台に、「スカイラインGT」「プリンス／ニッサンR380シリーズ」「スカイライン2000GT-R」といった一連の伝説的レーシングマシンへ結実。1960～70年代前半にかけて、これらプリンス／日産のマシンたちは、日本全体を巻き込むモータースポーツの熱狂の中で連戦連勝を重ね、神話を築いていくのでした。

クオンタム・ジャンプ

1966(昭和41)年、日産自動車・プリンス自動車工業の合併のあと、中川氏は長く日産の研究開発部門トップとして陣頭指揮を執ります。1970年代を通じて社会問題化し、業界各社の死活問題にまで発展した環境・安全問題の克服のため、彼も専門分野の機械工学を飛び越えて、当時まさに黎明期を迎えていた自動車の電子制御技術や、化学系の素材・触媒技術の領域にまで旺盛な関心をもって対峙し、異分野の技術人たちを驚かせました。彼は当時をこう述懐します。「まがりなりにも日本が技術的にアメリカと肩を並べられるようになったのは、1970年代に入ったころでしょうか。アメリカを追い抜くようになったのは、石油危機のあとです。ICやマイコンが一般的になり出し、日本はこれらを積極的に自動車に取り入れ、(中略)自動車を機械の塊からメカトロニクスへ変貌させたのです」

日産が1979(昭和54)年に市販車へ搭載したエンジン電子集中制御システム(ECCS)は、そんな彼のリーダーシップにより数年がかりで実現させた日本初の技術で、こんにち自動運転技術などで盛んに語られる「自動車の『知能化』＝クルマが頭脳を持ち自ら考えて制御する機能＝の原点とも解釈される、現代の目からも象徴的な到達点でした。このように、機械工学を極めた専門家でありながらその枠にまったく囚われない柔軟さは、彼の真骨頂といえます。

中川氏の愛した言葉に「クオンタム・ジャンプ」＝発想の跳躍＝があります。自身は「ぼくはクオンタム・ジャンプなんてできない環境であった」と振り返りながらも、かつて「栄21型（ハ105）」の高出力化が基礎的な燃焼研究の土台の上に初めて実現したように、遥かな距離にある「夢」を追い、夢への道筋を作る基礎的で地道な研究や実証を尊重し、次世代の標準を作ろうとする視点を忘れませんでした。そんな中川良一氏の栄誉を改めて称えつつ、氏が多くの技術人たちの羨望の対象として長く語りつがれることを、筆者からも願ってやみません。

（日産自動車グローバルブランドエンゲージメント部
中山竜二）

エンジン本体の直径を「栄」と同等のまま18気筒化、1800馬力を目標に開発された「誉」エンジン。

1960年のトリノオートショーで公開されたプリンス・スカイライン・スポーツ。ジョバンニ・ミケロッティによるデザインで、コンバーチブルも用意された。

ナルディ社の前にて。左端が中川良一氏。スカイライン・スポーツに装着するステアリングを調達する際に撮影されたものと思われる。

1965年、速度記録に挑戦するプリンスR380。競技会会長／組織委員長として国旗を振る中川氏。

1979年発売のニッサン・セドリック／グロリアに初めて搭載された電子集中制御システム（ECCS）。燃料噴射、点火時期などを常に最適なレベルにコントロールして、各種性能向上に貢献した。

富士重工業株式会社　元専務取締役

秋山 良雄

わが国初の水冷式水平対向エンジンの生み の親

秋山良雄（あきやま　よしお）**略歴**

1920（大正９）年　10月６日東京に生まれる
1942（昭和17）年　東京帝国大学工学部卒業
1942（昭和17）年　第二陸軍航空技術研究所派遣
1947（昭和22）年　日曹製鋼入社
1955（昭和30）年　富士重工業（株）入社　大宮製作所第２設計課長
1961（昭和36）年　同社三鷹製作所技術部長
1966（昭和41）年　同社自動車技術本部副本部長
1970（昭和45）年　同社技術生産管理部長
1972（昭和47）年　同社機械事業部長
1973（昭和48）年　同社取締役
1981（昭和56）年　同社取締役航空事業部長
1982（昭和57）年　同社常務取締役
1985（昭和60）年　同社専務取締役
1987（昭和62）年　富士機械（株）社長
2004（平成16）年　12月８日逝去（享年84歳）

民間団体歴

1974（昭和49）年～1981（昭和56）年　陸用内燃機協会陸用内燃理事
1981（昭和56）年～1983（昭和58）年　航空工業会国際委員会委員長
1983（昭和58）年～1986（昭和61）年　航空工業会業務委員会委員長

1955年に富士重工業(株)へ

秋山良雄氏は、1920(大正９)年10月に東京で生まれた。高校時代は法律家志望であったが、中島飛行機に勤務する兄の影響もあって、飛行機技術者となるために東京帝国大学の航空学科原動機科に進学した。在学中に太平洋戦争が勃発し、日本は全力で戦争を遂行することになる。秋山氏は国家の命令によって陸軍委託生となり、1942(昭和17)年に卒業すると陸軍第二航空技術研究所に配属された。

そこで秋山氏に与えられた仕事は中島飛行機と共同開発するジェットエンジンの研究であった。参考となるジェットエンジンは日本に１台もなく、白紙に近い状態から研究に着手した秋山氏たちは、わずか２年という短期間で「ネ-130」ジェットエンジンを完成させ、ベンチテストをするまでに仕上げた。

しかし、秋山氏たちの必死の技術開発にもかかわらず、日本は戦争に負け、ジェットエンジンの研究は中断された。陸軍の研究所は閉鎖され、秋山氏は失業した。そんな頃、大学の恩師を通じて、エンジン技術者を求めていた富士重工業(株)への就職話が持ち込まれ、1955(昭和30)年８月にエンジン設計技術者として大宮製作所に迎えられ、第２設計課長として自動車とオートバイ用のエンジンを担当することになる。

1958(昭和33)年４月、富士重工業(株)の組織が改編され、自動車やオートバイ、スクーターのエンジン開発部門は三鷹に集合することとなった。当時、三鷹は２ストロークエンジンの開発が主流であったが、三鷹の技術部設計第４課長となった秋山氏は、４ストロークエンジンの開発を積極的に進めたいと考えていた。その秋山氏のもとに試作車「A-５」用エンジン開発の仕事がまわってくる。

幻の電気自動車A-5から水平対向エンジン誕生

軽自動車スバル360およびサンバーの開発を終えた富士重工業(株)では次の目標として小型車の開発をもくろんでいた。1959(昭和34)年も終わろうとしていたころ、米国カリフォルニア州のアメリカン・ラビット社の関係者が、小型電気自動車をシティ・コミューターとして普及させる計画を進めており、その開発、製造を富士重工業(株)と共同で実施できないかとの打診を受けた。これを受けた当時の松林敏夫常務は、電気自動車の車体開発を引き受け、その車体にガソリンエンジンを載せて小型車生産につなげようと考えた。

やがて米国からBMW700を改造した電気自動車が届き、走行試験を始めたが、一晩充電しても１～２時間しか走行できず、十分なテストができないと判断。独自にガソリンエンジンを開発して本格的な小型車を開発することに方針転換した。富士重工業(株)の前身のひとつである富士自動車工業時代に百瀬晋六氏(2004年に日本自動車殿堂に殿堂入り)が中心となって開発したが、当時は量産体制、販売環境が整わなかったこともあり量産に至らなかった1500ccの乗用車「スバル1500」(コードネームP-1)で、果たせなかった小型車生産という夢の実現へと向かったのである。開発コードネームは「A-5」が与えられた。

「A-5」の開発は百瀬晋六氏が中心となって進められることになり、駆動方式については、P-1に採用したFR(フロントエンジン・リアドライブ)ではプロペラシャフトが振動問題に加えて、重くてスペースを取り居住スペースを犠牲にしたことや、スバル360の経験からRR(リアエンジン・リアドライブ)は横風安定性に課題を持っていることなどから、百瀬晋六氏はFF(フロントエンジン・フロントドライブ)が理想的であるとの信念を持っていた。当時のFF車にはドライブシャフトのジョイントの問題など課題もあったが、それらを克服するのが開発の仕事だと断言している。当時、百瀬晋六氏がフランス車のシトロエンDS19に傾倒していたのもFF選択の要因であったとも言われる。

A-5に搭載するエンジンについては、百瀬晋六氏と秋山良雄氏の話し合いで組み立てられていった。秋山氏から横置きの４ストローク直列４気筒、横置き２ストローク直列３気筒、縦置き４ストロークV型４気筒などさまざまな提案が出されたが、最終的に1000cc水平対向４気筒で、シンプルなエンジンを目指すため空冷エンジンとすることに決定した。フロントオーバーハングが短く、エンジンの高さが低く、重心点を低くでき、エンジン－デフ－トランスミッションのレイアウトと車体中心にデフ(ディファレンシャルギア)を置く、ボクサー(水平対向)エンジン＋シンメトリカル(左右対称)パワートレインの始まりであり、この技術はスバル最強のセールスポイントとして現在まで継承されている。1963(昭和38)年にA-5の試作１号車が完成したが、走行試験を始めるといろいろな問題が露呈することになる。空冷エンジンはオーバーヒートと騒音を発生し、トランスミッションからも騒音を発し、ドライブシャフトの等速ジョイントが完成していないためにスムーズに走行しなかった。

スバル車の駆動方式についての議論

A-5の開発と並行して、1962(昭和37)年3月、コードネーム「A-4」として、次期開発の小型車の目標値が提出された。A-5が商品化されなかったことから、FF方式に対する批判が表れ、近未来のスバル車についての全社的な議論が交わされることとなった。エンジンについては早期に水冷4サイクル水平対向4気筒と決まったが、駆動方式については1年半にわたる議論の末にFF方式が採用されることとなった。決め手は、優れた等速ジョイントが国産化される見通しが立ったこと、FRよりFFのほうがコスト的に安価であり、FRではプロペラシャフトの振動対策の難しさなどがあげられた。その後A-4の実車は製作に至らず、スバル1000(コードネーム「63-A」)の開発へと発展することになる。

スバル1000の登場

1963(昭和38)年5月、日本電信電話公社副総裁であった横田信夫氏が3代目代表取締社長、日本興業銀行常務取締役の大原栄一氏が代表取締役副社長に就任してトップマネジメントを行うこととなった。

1963年の夏が終わるころ、富士重工業(株)の技術部では新しいFF方式の小型自動車開発の初期構想をスタートさせていた。後にスバル1000と命名されるコードネーム63-Aであった。これまでと違い、生産を前提とした開発であり、量産のために、およそ300億円の大規模な設備投資が実施されることになった。1963年の富士重工業の年間売り上げは約370億円であり、資本金は49億5000万円であったから、まさに社運を賭けた極めて重要な意味を持つ量産車であった。

63-Aの開発も群馬製作所技術部長であった百瀬晋六氏が総指揮をとり、彼の要求で1964(昭和39)年11月に群馬製作所テストコースが完成した。この頃、日本の自動車メーカーも公道でのテストに限界を感じ、自前のテストコースを持つようになったのである。

エンジンに関しては三鷹製作所技術部長の秋山良雄氏が統括し、1963年6月、796cc(ボア65mm×ストローク60mm)アルミブロックの水冷水平対向4気筒、試作型式EX-41Xを完成。ピストンの焼き付き、排気バルブの焼損、ガスケットの吹き抜けなどの初期トラブルが発生したが、丹念に調査され次々と対策が施され熟成されていった。

1963年末にはボアを70mmに拡大して923ccとしたEA-41Yとトランスミッションを完成、1964(昭和39)年11月に完成した63-Aの第1次試作車に搭載してテストを開始した。さらに、ボアを72mmに拡大して量産型と同じ977ccとしたEA-41Y-2でテストを重ね、63-A(スバル1000)の生産開始が迫った1965(昭和40)年7月、試作エンジンとしての最終仕様EA-41Y-3の設計に入った。このエンジンは生産設備・技術の確立に伴い、細部の仕様修正を目的としたもので、量産エンジン型式EA-52とほぼ同じで、出力も目標値55ps/6000rpm、7.8kg-m/3200rpmを達成した。こうして、後に「スバルサウンド」と呼ばれ愛される「ボロボロ」という独特の排気音を発する、日本初の量産型アルミ合金製の水冷水平対向エンジンが完成した。

開発を主導した秋山良雄氏は「苦労してスバル1000のエンジンを造った。私は、自動車のエンジンを造る場合、商品としていかにその車にマッチした、信頼性のあるエンジンを造るかを考えている。また、他車に負けないものを造らなければならぬ。今度の場合、とくにFFのエンジンの開発ということで意欲を燃やした。第一に、エンジンをできるだけ軽量かつコンパクトにまとめなければならない。第二に高出力、高耐性を維持しなければならぬ。そのために水平対向アルミ合金エンジンを開発した。自分としては、自信もある。それは乗っていただければわかると思う」と述べている。

秋山氏の業績は他にも、スバル360のエンジン関係の改良を手がけ、軽自動車の性能向上ならびに軽としての存在基盤の確立に大いに貢献した。また、4速フルシンクロのトランスミッションを、改良を重ねトラブルのない性能の優れたトランスミッションとして完成させている。さらに、FF用の自動変速機、および乗用車タイプの4輪駆動の自動変速機を相次いで開発し、近年の最先端技術への発展の導入的役割を果たすなど、SUBARUの様々な生産車の発展にも非常に多くの功績を残した技術者である。　(当摩節夫)

スバル360やスバル1000の開発責任者を務めた百瀬晋六氏（右）と秋山良雄氏（左）。
（1964年・鈴鹿サーキットにて）

完成したエンジンを前に熱い思いを語る秋山良雄氏。

はじめて水平対向エンジンを積んだ試作車「A-5」。

1966年５月に発売されたスバル初の小型乗用車スバル1000。

スバル1000に搭載された日本初の量産型水冷水平対向エンジン。

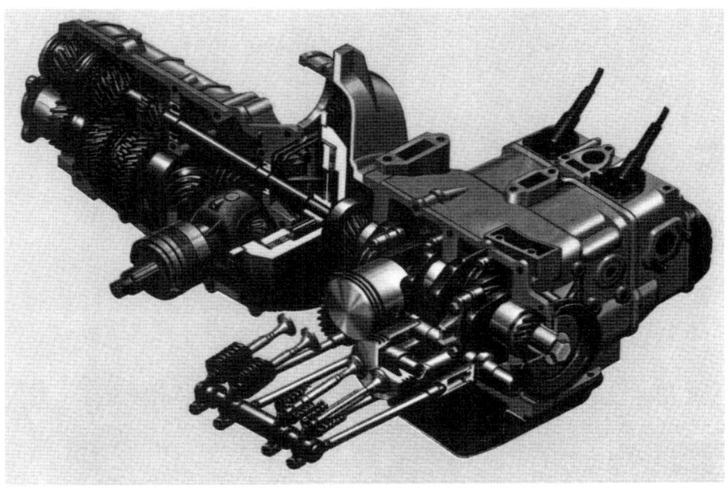

水平対向エンジン＋クラッチ＋デフ＋トランスミッションの透視図。

日本自動車殿堂

Japan Automotive Hall of Fame Inductees

JAPAN AUTOMOTIV

近代自動車産業の創始と育成

Laid the foundations for the modernautomobile industry

豊田　喜一郎 氏

Mr. Kiichiro Toyoda

自動車技術の革新とレース活動

Innovative spirit in developing automotive and racing technology

本田　宗一郎 氏

Mr. Soichiro Honda

グローバルな経営基盤の創成

Creator of a global management policy

藤沢　武夫 氏

Mr. Takeo Fujisawa

日本のタイヤ産業の創立と育成

Founding father of the Japanese tire industry

石橋　正二郎 氏

Mr. Shojiro Ishibashi

輸入自動車業務と経営及び育成

Nurtured the car import business in Japan

梁瀬　次郎 氏

Mr. Jiro Yanase

自動車工学の基礎と体系の確立

Developed a system of automotive engineering

平尾　収 氏

Dr. Osamu Hirao

殿堂者の方々

HALL OF FAME

JAHFA
JAPAN AUTOMOTIVE HALL OF FAME
2002
Japan Automotive Hall of Fame Inductees

快進社創立者 ダット号製造

Founder of the Kaishinsha Co. Ltd, the manufacturer of DAT cars

橋本 増治郎 氏

Mr. Masujiro Hashimoto

白楊社創業者 オートモ号製造

Founder of the Hakuyousha Co. Ltd, the manufacturer of the Otomo

豊川 順彌 氏

Mr. Junya Toyokawa

日本の自動車工学の礎を築く

Established a foundation for Japanese automotive engineering

隈部 一雄 氏

Dr. Kazuo Kumabe

軽自動車のゆるぎない地位を確立

Responsible for forging a strong market for the Kei mini-car

鈴木 修 氏

Mr. Osamu Suzuki

世界を舞台にしたレーシング活動の先駆者

Trailblazer in top-class car and motorcycle racing

高橋 国光 氏

Mr. Kunimitsu Takahashi

JAPAN AUTOMOTIV

製造の近代化とロータリーエンジンの開拓

Inspirational leader of Mazda enhanced production efficiency and developed rotary piston engine

松田 恒次 氏

Mr. Tsuneji Matsuda

販売の近代化と販売方式の確立

Established modern auto-sales and marketing system

神谷 正太郎 氏

Mr. Shotaro Kamiya

技術の基盤作りと自動車技術会の設立

Promoter of automotive technology through founding SAE of Japan

浅原 源七 氏

Dr. Genshichi Asahara

操縦性安定性の理論と実験の確立

Key person behind theory of vehicle steering and handling

近藤 政市 氏

Dr. Masaichi Kondo

安全・環境重視の新たな企業文化を確立

Promoter of safety and ecology-oriented corporate culture

西田 通弘 氏

Mr. Michihiro Nishida

自動車の広告理論とその技術の確立

Leader in theoretical and practical automobile advertising

梶 祐輔 氏

Mr. Yusuke Kaji

HALL OF FAME

JAHFA
JAPAN AUTOMOTIVE HALL OF FAME

2004 Japan Automotive Hall of Fame Inductees

独創的な自動車造りの先駆者
Pioneer in creative automobile manufacturing

百瀬　晋六 氏
Mr. Shinroku Momose

自動車開発の王道を築く
Leader in practical automobile development

長谷川　龍雄 氏
Mr. Tatsuo Hasegawa

技術論理と企業文化を創出した経営者
Industry leader amalgamated technology with corporate culture

久米　是志 氏
Mr. Tadashi Kume

新しい企業経営の道を拓く
Pioneered novel way of business operation

カルロス・ゴーン 氏
Mr. Carlos Ghosn

自動車発展の礎を築く
Laid foundation for progress of automotive technology

山本　峰雄 氏
Dr. Mineo Yamamoto

人と車の調和ある発展の道を拓く
Contributed to popularizing automobile culture with his quality motor museum

前田　彰三 氏
Mr. Shozo Maeda

JAPAN AUTOMOTIV

自動車部品産業の黎明期に多大な貢献

Greatly assisted in growth of domestic auto-parts industry

信元 安貞 氏

Mr. Yasusada Nobumoto

グランプリレースと学会活動での国際的な貢献

International contribution to Formula 1 racing and academic community

中村 良夫 氏

Mr. Yoshio Nakamura

名車スカイラインを32年間に亘り設計開発

Leader in design and development of celebrated Nissan Skyline series

櫻井 眞一郎 氏

Mr. Shinichiro Sakurai

内燃機関と二サイクルエンジン研究の祖

Pioneering researcher on two-stroke cycle engine

富塚 清 氏

Dr. Kiyoshi Tomizuka

自動車文化の普及と歴史記録に尽力

Contributed to popularization of automobile culture through his writings on car history

五十嵐 平達 氏

Mr. Heitatsu Igarashi

HALL OF FAME

JAHFA
JAPAN AUTOMOTIVE HALL OF FAME

2006 Japan Automotive Hall of Fame Inductees

国際的な自動車産業への近代化を推進

Global player in modernization of Japanese automobile industry

川本 信彦 氏

Mr. Nobuhiko Kawamoto

自動車の衝突安全性の先駆的研究開発

Pioneer in research and development of passive safety measure

古庄 宏輔 氏

Dr. Hirosuke Furusho

生涯をディーゼルと共に歩んだ先導者

Leading researcher on Diesel engine

関　敏郎 氏

Dr. Toshiro Seki

自動車の振動・騒音研究の祖

Father of research on automotive noise, vibration and harshness

亘理　厚 氏

Dr. Atsushi Watari

芸術を愛したエアバッグの考案者

Inventer of airbag system

小堀 保三郎 氏

Mr. Yasusaburo Kobori

"日本発"モノづくりのシステムを確立

Established Japan-originated efficient manufacturing system

大野 耐一 氏

Mr. Taiichi Ohno

ロータリーエンジンへの飽くなき挑戦

Succeeded in rotary piston engine mass production

山本 健一 氏

Mr. Kenichi Yamamoto

自動車の研究・開発・生産で技術哲学を実践

Practiced own technological philosophy in automotive R&D and manufacuturing

中塚 武司 氏

Mr. Takeshi Nakatsuka

世界に冠たる自動車プレス金型産業を拓く

Pioneered world-renowned automobile stamping die manufacturing

荻原 八郎 氏

Mr. Hachiro Ogihara

自動車の安全を支える交通心理学の先達

Pioneer in traffic psychology contributes to safety

宇留野 藤雄 氏

Dr. Fujio Uruno

モータリゼーションの発展に尽した自動車誌の祖

Pioneering publisher of auto-magazine exerted in development of motorization

鈴木 賢七郎 氏

Mr. Kenshichiro Suzuki

HALL OF FAME

JAHFA
JAPAN AUTOMOTIVE HALL OF FAME
2008
Japan Automotive Hall of Fame Inductees

独自の理念をもって 日米自動車市場を拓く

Pioneered Japanese automobile market in US with original philosophy

片山　豊 氏

Mr. Yutaka Katayama

自動車の技術開発を ゼロから創始

Pioneer in automotive technology development

田中 次郎 氏

Mr. Jiro Tanaka

知恵と工夫からの 出発と挑戦の先達

Pioneer contributed to promoting growth of new Kei format compact cars

稲川 誠一 氏

Mr. Seiichi Inagawa

二輪車の運動特性の 基礎学術を構築

Established basic theory of two-wheeled vehicle dynamics

景山 克三 氏

Dr. Katsumi Kageyama

車社会の安全と安心を育む 先進の女性企業家

Entrepreneur encourages motoring safety via computerized technology

美安 達子 氏

Ms. Michiko Miyasu

JAPAN AUTOMOTIV

空力特性と基本重視の高性能車を開発

Developed basics-oriented high performance cars with refined aerodynamic characteristics

久保 富夫 氏
Dr. Tomio Kubo

水素自動車エンジン研究・開発の道を拓く

Promoter of hydrogen engine vehicle R&D

古浜 庄一 氏
Dr. Shoichi Furuhama

自動車の環境・エネルギー研究の先導者

Leader of automobile related environment and energy studies

齋藤　孟 氏
Mr. Takeshi Saito

戦後の交通警察発展の司令塔

Commander developed postwar traffic police

内海　倫 氏
Mr. Hitoshi Utsumi

マツダRE車によるル・マン24時間レース制覇

Driver conquered 24 hours of Le Mans with Mazda rotary piston engine

大橋 孝至 氏
Mr. Takayoshi Ohashi

HALL OF FAME

日本の自動車産業の基礎を確立

Laid foundation for Japanese automobile industry

星子　勇 氏

Mr. Isamu Hoshiko

黎明期から今に繋がる純国産車技術を開拓

Pioneer originated and developed Japanese automobile technology

太田 祐雄 氏

Mr. Sukeo Ohta

エンジンの高出力化と低公害化の先導者

Leader in engine technology for developing high power output and purifying exhaust emission

八木 静夫 氏

Dr. Shizuo Yagi

人間―機械系のダイナミックス研究の祖

Father of research on dynamics of man-machine system

井口 雅一 氏

Dr. Masakazu Iguchi

衝突安全装置の開発と普及に力を尽くす

Contributed to developing and popularizing vehicle occupant restraint systems

高田 重一郎 氏

Mr. Juichiro Takada

JAPAN AUTOMOTIV

初の国産自動車「吉田式」の製作者

Creator of the first automobile of Japanese make "Type Yoshida"

吉田 真太郎 氏

Mr. Shintaro Yoshida

卓越した経営手腕で日産コンツェルンを統帥

Founder and commander of Nissan Concern and the first President of Nissan Motor Corporation

鮎川 義介 氏

Mr. Yoshisuke Ayukawa

現存最古の国産乗用車「アロー号」の製作者

Creator of the existing oldest automobile of Japanese make "Arrow"

矢野 倖一 氏

Mr. Koichi Yano

自動車用エンジンの先進技術の開拓と先導

Leader in advanced automotive engine development

鈴木 孝 氏

Dr. Takashi Suzuki

ALL OF FAME

楽器から二輪車メーカーを創業し世界企業に

Founder of global motorcycle enterprise starting from piano maker

川上 源一 氏

Mr. Genichi Kawakami

自動車の本質を貫く開発に挑む

Designer caught hearts of car enthusiasts all over the world

原　禎一 氏

Mr. Teiichi Hara

自動車運転者教育の近代化の道を拓く

Developed modern curriculum of driver training

塩地 茂生 氏

Mr. Shigeo Shioji

自動車の在り方を拓いたジャーナリスト精神

Pioneering journalst put his heart and soul into automobiles

三本 和彦 氏

Mr. Kazuhiko Mitsumoto

JAPAN AUTOMOTIV

主張のある自動車の追求と実現

Quested and realized excellent cars with sense and identity

水澤 譲治 氏

Mr. Joji Mizusawa

フライングフェザーなど超小型経済車に挑戦

Pioneering designer of ultra-compact car "Flying Feather"series

富谷 龍一 氏

Mr. Ryuichi Tomiya

日本の量産・高精度技術を指導

Providing direction for Japan's mass-production and high precision technology

ウイリアム・R・ゴーハム 氏

Mr. William R. Gorham

自動車実学に徹したモータージャーナリスト

Pioneering journalist contributed to improvement of automobiles through relevant remarks

小林 彰太郎 氏

Mr. Shotaro Kobayashi

国産二輪車第一号
生みの親

Ingenious developer of
the first Japanese make motorcycle

島津 楢蔵 氏
Mr. Narazo Shimazu

自動車用ディーゼル
エンジンの育ての親

Father of technological developments of
automotive Diesel engine

伊藤 正男 氏
Mr. Masao Ito

“郷に従う”自動車販売の
王道を拓く

Successful establishment of market share of
foreign motorcycle / car in U.S. / Japan

濱脇 洋二 氏
Mr. Yoji Hamawaki

本邦自動車史黎明期の
解明と考証

Elaborate investigation of historical facts
in early stage of Japan's motorization

佐々木 烈 氏
Mr. Isao Sasaki

カロッツェリアを日本に紹介
自動車デザインを飛躍させた功労者

Contributor to advancement of automotive design
introducing carrozzeria to Japan

宮川 秀之 氏
Mr. Hideyuki Miyakawa

日本の自動車文化の発展に貢献
自動車史考証を先導

Promoter of progress of Japan's automotive culture
leading historical investigation of automobiles

高島 鎮雄 氏
Mr. Shizuo Takashima

ディーゼルエンジンの先進技術と
ハイブリット技術を開拓

Developed advanced technology of Diesel engine
and pioneered in its hybrid system

鈴木 孝幸 氏
Dr. Takayuki Suzuki

忠実なる真のレストアを貫き
日本のレストア活動を牽引

Leader of Japan's car restoration activities
straining close restoration based on historical facts

木村 治夫 氏
Mr. Haruo Kimura

日本自動車殿堂
歴代の歴史遺産車

2003

コスモスポーツ

HONDA

2004

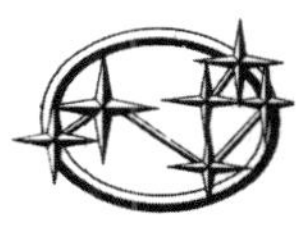

スバル360

2006

CROWN

2007

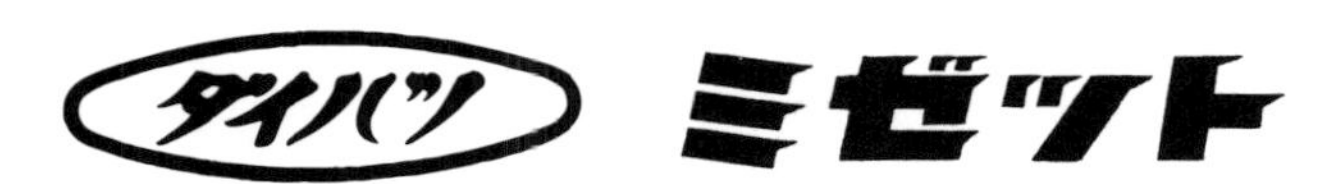

2008

スズライト

2009

ホンダスーパーカブ

2010

三菱 500

2011

2013

ホンダ N360

2012

TOYOTA SPORTS 800

2014

ISUZU 117 COUPÉ

2017

 ダイハツ號

2017

 プリンス スカイライン GT

2017

 トヨタ ランドクルーザー

2017

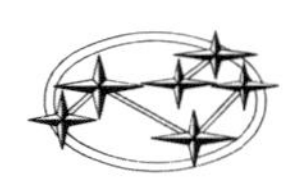 SUBARU 1000

2018 日本自動車殿堂 歴史遺産車

Japan Automotive Hall of Fame JAHFA Historic Car of Japan

日本の自動車の歴史に優れた足跡を残した名車を選定
日本自動車殿堂に登録

Filed are the cars that blazed the trail in the Japanese automotive history
selected and registered with the title of JAHFA Historic Car of Japan.

JAHFA
JAPAN AUTOMOTIVE HALL OF FAME

表彰状
HISTORIC CAR OF JAPAN
2018日本自動車殿堂 歴史遺産車

日野アンダーフロアーエンヂンバス BD10型

日野アンダーフロアーエンヂンバス BD10 型は
バスの輸送効率に配慮した商品づくりにより
日本におけるバス設計に多大なる貢献をもたらした
車体中央床下にエンジンを搭載 平坦にして広い床面積を確保
キャブオーバー型車体の採用による座席数の増加
我が国初の画期的なセンターアンダーフロアエンジン車を実現
歴史に残る名車である
ここに日本自動車殿堂歴史遺産車の称号を贈り
表彰いたします

2018年11月15日
日本自動車殿堂
会長 藤本隆宏

日野アンダーフロアーエンヂンバスBD10型 (1952年)

Hino Under Floor Engine Bus BD10

JAHFA
JAPAN AUTOMOTIVE HALL OF FAME

表彰状
HISTORIC CAR OF JAPAN
2018日本自動車殿堂 歴史遺産車

トヨタ カローラ

トヨタ カローラは消費者心理をとらえた商品づくりにより
自家用乗用車普及に比類のない貢献をもたらした
大きめのエンジン4速フロアシフト 丸型メーター
セミファストバックスタイル セパレートシートなど
ファミリーカーの常識を一変させ
1969 年から33年連続で販売台数首位の座に君臨
歴史に残る名車である
ここに日本自動車殿堂歴史遺産車の称号を贈り
表彰いたします

2018年11月15日
日本自動車殿堂
会長 藤本隆宏

トヨタ カローラ (1966年)

Toyota Corolla

JAHFA
JAPAN AUTOMOTIVE HALL OF FAME

表彰状
HISTORIC CAR OF JAPAN
2018日本自動車殿堂 歴史遺産車

ホンダドリーム CB750 FOUR

ホンダドリーム CB750 FOUR は北米で通用する大型オートバイを
750cc エンジンの採用により実現し
我が国におけるこのクラスの原点となる
高性能 4 気筒エンジン 量産日本初のフロントディスクブレーキ
人間工学に基づく車体デザイン 振動騒音の低減など
安全で快適な高速長距離ツーリングを実現
歴史に残る名車である
ここに日本自動車殿堂歴史遺産車の称号を贈り
表彰いたします

2018年11月15日
日本自動車殿堂
会長 藤本隆宏

ホンダ ドリーム CB750 FOUR (1969年)

Honda Dream CB750 FOUR

2018日本自動車殿堂 歴史遺産車

日本の自動車の歴史に優れた足跡を残した名車を選定し
日本自動車殿堂に登録して永く伝承します

Cars that blazed the trail in the history of Japanese automobiles are selected,
registered at the Hall of Fame and are to be widely conveyed to the next generation.

日野アンダーフロアーエンヂンバスBD10型

Hino Under Floor Engine Bus BD10

Hino

このBD10型は、新日国工業製のもの。1952年発表時のカタログはクレハ製のものであるがサンプル車のみで、生産型の多くは金沢産業製または新日国工業製であった。

※車名表記の「エンヂン」については、当時のカタログ表記に合わせています。

日野アンダーフロアーエンヂンバスBD10型「ブルーリボン」(1952年) 主要諸元

全長	10000mm	型式	BD10
全幅	2450mm	エンジン型式	DS20
全高	2950mm	駆動方式	後輪駆動
ホイールベース	4800mm	エンジン	水冷4サイクル水平横型直列6気筒
トレッド(前)	1945mm	燃焼室形式	予燃焼室式
トレッド(後)	1750mm	ボア×ストローク	105×135mm
車両(空車)重量	7380kg	総排気量	7014cc
乗車定員	73名	圧縮比	17
最高速度	70km/h	最高出力	110PS/2200rpm
最小回転半径	8.5m	最大トルク	39kg/1200rpm
登坂能力	(tan θ)1/6	サスペンション(前)	逆エリオット型
タイヤサイズ	9.00-20 14P	サスペンション(後)	全浮動式
制動装置	空気制動及び手動制御	変速機	選択摺動式 前進4段・後進1段

BD10型のシャシー。6気筒7,014ccのエンジンがシャシー中央部に水平に横置されている。

床面が平らで張り出し部分がないため、より多くのシートが配置でき、大量人員輸送に貢献した。

重整備ではチェーンでエンジンを地上に降ろし、横に引き出して行なう。上下動の操作は車両横からのハンドルによる手動である。

日野自動車の前身は瓦斯機器製造会社として1910年に創業した東京瓦斯工業で、翌1911年、二代目社長として松方五郎が就任、1913年東京瓦斯電気工業と社名を変更。社長の松方は第一次世界大戦後の軍拡の国策に目をつけ、軍需製品の製造も策し社は大きく発展した。これと並行して、「軍用自動車補助法」制定の動きを察知し、自動車産業に進出することを決意、1917年日本人の設計、製造による国産トラック１号「TGE-A型」軍用トラックを開発。以降、多くのトラック、バス、並びに軍用車両を開発・生産した。その後1930年代、軍国化が進む中で、日野の地に新設されたキャタピラ車両製造所に移動、太平洋戦争勃発の翌1942年軍需工場「日野重工業」となる。これが現在の日野自動車の創立である。しかし太平洋戦争の敗戦に伴い、軍需工場は解散となり、日野重工業は連合国の賠償指定工場となってしまったが、東京瓦斯電気工業時代から事務方を支えてきた大久保正二他役員の必死の働きによりこれを免れ、「日野産業」と名を変え生き残った。

1946年、民需への変換を画すが軍需対応が長かった日野にとって一般市場に割って入り込む隙間はごく狭く、結果「より効率の高い輸送の実現」をめざして軍需開発で培った技術を投入、他社製品にはない新たなコンセプトで市場を開拓した。その手始めは、1947年、工場内に残された軍用車両の部品を流用した超大型トレーラー・トラックとトレーラー・バスで、それまで最大積載量を７トンとした戦前の法律を変えるきっかけとなった。次は1950年、ボンネット・トラックとボンネット・バスで他社には設定のなかった最大積載量7.5トンで市場をリードした。

そして1952年、日野ヂーゼル工業株式会社(現在の日野自動車、以降日野と略称)は世界でも画期的な、我が国初のセンターアンダーフロアーエンジン・バスBD10を発表発売した。通常の６シリンダエンジンを横に倒してフラットにし、これをバスの中央床下に収めることにより、エンジン部の室内への出っ張りをなくし、平坦な床面積を他の形式よりも多くとることで、座席数を増すことに成功したのである。瓦斯電気工業時代から技術開発を担当してきた家本潔(当時の工場長、後副社長)の発想であった。これに相応しいペットネームを社内に公募「ブルーリボン」と決まった。

ボンネットを排し、座席数を増やせるキャブオーバーのボックス型としたのは国内では民生産業(現在のUDトラックス社)が嚆矢であったが、たちまち大型車各社が追従しこれが一般化した。そしてエンジンボンネットが車内に出っ張るのを嫌い、エンジンを横にして後端に置くリヤエンジン形式が主流であったが、床の後方にはエンジン収納スペースのための段差が生じた。これに対し日野は既述のように、完全に平坦な床の実現を目指して、床下に水平にエンジンを置く形式を日本で初めて採用して、斯界の注目を浴びたのである。

エンジンが中心部の床下にあるレイアウトのため、他車にくらべ重心を低くすることができ、操縦安定性に優れていることも大きな特徴であった。さらに、先述のように座席数を多く確保できることで、高度成長へ向かう日本の大量人員輸送に貢献した。

(日本自動車殿堂　研究・選考会議)

2018日本自動車殿堂 歴史遺産車

日本の自動車の歴史に優れた足跡を残した名車を選定し
日本自動車殿堂に登録して永く伝承します

Cars that blazed the trail in the history of Japanese automobiles are selected, registered at the Hall of Fame and are to be widely conveyed to the next generation.

トヨタ カローラ

Toyota Corolla

Corolla

発売時は2ドアセダンのみ。デラックスさとスポーティさを兼ね備えた、曲面基調のデザイン。サイドガラスにクラス初の曲面ガラスを採用したこともあって、見た目での上級感をプラスしていた。

トヨタカローラ1100デラックス(1966年)主要諸元

全長	3845mm
全幅	1485mm
全高	1380mm
ホイールベース	2285mm
トレッド(前)	1230mm
トレッド(後)	1220mm
車両重量	710kg
乗車定員	5名
最高速度	140km/h
最小回転半径	4.55m
登坂能力	0.405(23°54′)
タイヤサイズ	6.00-12 4PR
ボディ構造	モノコック

型式	KE10D
エンジン型式	K型
駆動方式	後輪駆動
エンジン	水冷直列4気筒OHV
ボア×ストローク	75×61mm
総排気量	1077cc
圧縮比	9.0
最高出力	60PS/6000rpm
最大トルク	8.5kgm/3800rpm
サスペンション(前)	ストラット型コイルおよび横置きリーフスプリング併用
サスペンション(後)	リーフスプリング リジッドアクスル式
変速機	前進4段・後進1段
価格	49.5万円

スピード感を出すためにリアウィンドウが少し寝かされたセミファストバックスタイル。縦型テールランプの採用により、トランクは開口幅が広いだけでなく、低いところから開き実用性に優れた。

余裕のある高速性能を得るため当初計画の1000ccに100ccがプラスされた。機構的には、耐久性、静粛性、高回転に有利な５ベアリングとハイカムシャフトが採用された。エンジンルームの高さを抑え、各種点検を容易にするためにエンジンは20度左に傾けられて搭載された。

視覚的に＋αの要素が一番感じられたのは室内で、カローラに採用された丸型メーター、フロアシフトの４速トランスミッション、セパレートシートは当時の一般的ファミリーカーにはなかったものだ。

1955年に始まった経済成長の速度は著しく、1960年代に入ると自家用車所有が夢ではなくなるときが目前に迫っていた。1963年から、ダイハツコンパーノベルリーナ、翌年マツダファミリアなど中堅サラリーマン世帯をターゲットにしたクルマが出始め、1966年４月に日産からダットサンサニーが発売された。

トヨタはカローラ発売の前にティーザーキャンペーンを繰り広げ、日本の消費者の心理を巧みに摑むキャッチフレーズを使った。『プラス100ccの余裕』というフレーズで、ライバルたちを少し上回るというイメージを与えることに成功。そして、1966年10月に発表され、翌月から全国で一斉に発売された。

初代カローラを語るときに必ず触れられるのが「80点＋α」主義だ。その意図は、合格点に満たないところをなくし、ほかに負けない“＋α”のものを備えるということだった。これは開発の指揮をとった長谷川龍雄主査が、パブリカの経験を踏まえて導き出したものだ。カローラの＋αは「スポーティさ」で、性能に余裕のある1100ccエンジン、フロアシフトの４速トランスミッション、丸型メーター、セミファストバックスタイル、セパレートシートなどが採用された。これらはスポーティーカーに一般的なもので、競合ファミリーカーには800〜1000ccエンジン、３速コラムシフト、横長コンビネーションメーター、ベンチシートが普通だった。

カローラのボディデザインは曲面基調で、さらにサイドガラスにクラス初の曲面ガラスを採用したこともあって、見た目での上級感をプラスしていた。リアウィンドウはスピード感を出すために少し寝かされた。

カローラには新規開発されたＫ型エンジンが採用された。当初1000ccで計画されていたが、余裕のある高速性能とするためプラス100の1100ccに変更された。機構的には、耐久性、静粛性、高回転に有利な５ベアリングとハイカムシャフトが採用された。ハイカムシャフトとはカムシャフトの位置を高くして、その分プッシュロッドを短く、すなわち軽くすることにより高速回転時もバルブが正確に作動するようにしたものだ。

足回りではフロントサスペンションに国産車として初めて、ストラットタイプを採用。当時一般的だったダブルウィッシュボーンタイプに比べ、ストラットタイプは部品点数、スペース、重量においてメリットがあった。

２ドアセダンだけで発売されたカローラには、半年後に４ドアセダンと２ドアバンが、さらにその１年後に、セダンよりさらにスポーティなカローラスプリンターが追加された。カローラスプリンターの、セダンより35mm低いボディはファストバックスタイルにされ、テールランプはセダンの縦長に対して横長のものが採用された。さらに購買層の幅を広げるべく、２速ATや３速コラムシフト車も追加された。1969年９月、エンジン排気量は100ccアップされて1200ccとなった。

日本の消費者心理に応えるカローラの商品戦略は強化され続けて、３年後の1969年から国内販売台数において33年連続首位の座に君臨することになる。

（山田耕二）

2018日本自動車殿堂 歴史遺産車

日本の自動車の歴史に優れた足跡を残した名車を選定し
日本自動車殿堂に登録して永く伝承します

Cars that blazed the trail in the history of Japanese automobiles are selected,
registered at the Hall of Fame and are to be widely conveyed to the next generation.

ホンダ ドリーム CB750 FOUR

Honda Dream CB750 FOUR

HONDA DREAM CB750 FOUR

ホンダ ドリーム CB750 FOURは、米国のオートバイ市場を切り開く日本製オートバイの嚆矢となり、国内でも
“ナナハン・ブーム”を巻き起こし、他メーカーからも続々と新型車が投入されることになった。

ホンダ ドリーム CB750 FOUR(1969年)主要諸元

項目	諸元	項目	諸元
全長	2160mm	型式	CB750
全幅	885mm	エンジン型式	E型
全高	1120mm	駆動方式	チェーン
ホイールベース	1455mm	エンジン	空冷4サイクルOHC 4気筒
最低地上高	160mm	ボア×ストローク	61mm×63mm
		総排気量	736cc
車両重量	218kg	圧縮比	9.0
乗車定員	2名	最高出力	67ps/8000rpm
最高速度	200km/h(推定)	最大トルク	6.1kg・m/7000rpm
最小回転半径	2.5m		
登坂能力	sin θ 0.422		
タイヤサイズ前	3.25-19-4PR	変速機	前進5段、リターン式
タイヤサイズ後	4.00-18-4PR	価格	385,000円

1968年の第15回東京モーターショーで発表されたホンダCB750は来場者の注目の的で、展示車が見えないほどの人だかりになった。

ホンダCB750プロトタイプ。開発責任者の原田義郎氏によれば、前輪のディスクブレーキは本田宗一郎社長(当時)の即断で採用されたという。

発表当時、国産最大級の排気量を誇ったCB750のエンジン。並列4気筒はホンダのGPマシンから受け継がれたメカニズムと評された。

■鮮烈なデビューとなった　ホンダドリームCB750 FOUR

1968年2月に開発プロジェクトが約20人でスタートしたホンダドリームCB750 FOUR(以下CB750)は、1968年10月に開催された第15回東京モーターショーに出品された。当時のHondaとしては最大排気量である750ccクラスの4気筒エンジンを備えており、大きな話題を呼んだのである。

翌年の1969年5月には、大動脈とも言える東名高速道路が全線開通し、日本も本格的な高速道路時代を迎えることになった。そしてこの長距離ツーリング時代の要求に応えるべく、CB750は、同年の7月18日に発表された。開発の狙いは、単に出力特性を高めるばかりでなく、高速の長距離ツーリングを、より安心に、より快適にする、そのために技術指標を次のように定めて開発された。

①海外での高速クルージング時速を140kmから160kmと想定し、他の交通車両と比較して十分な出力の余裕を持って、安定した操縦性が保てること。
②高速からの急減速頻度の多いことを予想し、高負荷に対する信頼度と耐久性に優れたブレーキを装着すること。
③長時間の継続走行でも運転者の疲労負担を軽減できるよう、振動、騒音の減少に努めるとともに、人間工学に基づく配慮を加えた乗車姿勢、操作装置とし、容易に運転技術に習熟できる構造であること。
④灯器類、計器類などの大型化をはじめとした各補器装置は、信頼度が高く、運転者に正確な判断を与えるものであるとともに、他の車両からの被視認性に優れていること。
⑤各装置の耐用寿命の延長を図り、保守、整備が容易な構造であること。
⑥優れた新しい材質と生産技術、特に最新の表面処理技術を駆使した、ユニークで量産性に富んだデザインであることであった。

発売されたCB750は、最大出力67馬力を達成。十分な馬力と抜群の耐久性を備え、精緻なメカニズムにより、グランプリマシンの直系であることを感じさせる4サイクル・4気筒・4キャブレターのOHCエンジンと豪快な4本の独立マフラーを採用。剛性の高いダブルクレードル型フレーム、高速用に新開発したタイヤなどに加え、日本初となる制動性に優れたフロントディスクブレーキを備えていた。豊富な安全対策を施し、高度なテクニックを必要としない優れた操縦安定性を追求するなど、CB750は、日本における大型バイクブームの先駆けとなった。

以後、他のメーカーの750ccクラスの大排気量スポーツバイクがこれに追随し、日本では空前のナナハン・ブームが巻き起こったのである。「ナナハン」という言葉は、機密保持のためCB750の開発チームの社内間で言い交わされていた用語で、後に一般に広まることになるが、まさにこのCB750が、この新しい分野を築き上げたと言っても過言ではないのである。

（まとめ　小林謙一）

日本自動車殿堂
論壇

法人会員の各自動車企業の会長・社長・副社長・役員など
企業リーダーの所信を収録

Japan Automotive Hall of Fame
Contribution to JAHFA

Opinions contributed to JAHFA by the top-level executives of automotive companies are collected.

スズキのものづくり

スズキ株式会社
代表取締役社長
鈴木 俊宏

「走る歓び」、人々の心と体を元気にするクルマづくり

マツダ株式会社
代表取締役社長兼CEO
丸本 明

持続可能なモビリティ社会の実現に向けて

日産自動車株式会社
専務執行役員
Chief Sustainability Officer
川口 均

“Drive your Ambition”〜次の100年に向けて〜

三菱自動車工業株式会社
取締役CEO(代表取締役)
益子 修

Light you up
お客様に寄り添ったクルマづくり

ダイハツ工業株式会社
代表取締役社長
奥平 総一郎

新中期経営ビジョン「STEP」

株式会社SUBARU
代表取締役社長
中村 知美

論壇

Contribution to JAHFA

スズキのものづくり

スズキ株式会社
代表取締役社長
鈴木 俊宏

スズキのものづくりの原点

スズキのものづくりは、創業者の鈴木道雄が木鉄混製の足踏織機を作り始めた1907年に始まりました。道雄が製作した足踏織機は、従来の手動式の織機と比べ生産能力が極めて高かったことから、たちまち近隣の評判になり、これに自信を得た道雄は1909年に鈴木式織機製作所を設立致しました。

後に道雄の発明の第一号となる織機は、縞や格子模様の布を織るときに用いる、色の違う横糸を通す二つの「杼（ひ）箱」という道具を自動で入れ替える機構を持つもので、浜松のある遠州地域の織機産業の発展に大いに貢献をしました。その後 自動織機が主流になると、繊維産業が日本からアジアの国々に進出するようになり、スズキの織機も海外に輸出されていきました。その頃には織機自体も金属製となり性能も格段に向上し、この時の金属加工技術は後の二輪車・四輪車の技術の基礎となっていきます。

スズキ創業者 鈴木道雄の言葉です。

「常にお客様の側に立って発想する。お客様が欲しがっているものなら、どんなことをしてでも応えろ。頑張ればできるもんだ。」

道雄のものづくりにかける熱い想いは、現在のスズキにも引き継がれています。

鈴木式織機製作所

20年ぶりに全面改良した「ジムニー」

スズキは、今年の７月にジムニーを20年ぶりに全面改良して発売しました。

ジムニーは1970年に軽自動車で唯一の四輪駆動車(当時)として発売して以来、悪路走破性とコンパクトな車体による取り回しの良さから、様々な作業現場や山間部、積雪地の重要な交通手段として活躍してきました。同時に、本格的な四輪駆動の性能と親しみやすさからレジャーを目的とした需要も開拓し、日本国内でのコンパクト四輪駆動車の市場を築き上げてきました。

初代ジムニー

新型ジムニー

ジムニーはスズキを代表し、歴史のあるモデルというだけではなく、スズキのものづくりの基本である「お客様の立場になったものづくり」の象徴でもあります。

ジムニーをお使いいただくお客様の中には林業などのお仕事に使われる方が多くいらっしゃり、その車は深い森や山の中の道なき道に分け入り、行き止まりや狭い場所でUターンする必要があります。その為、ジムニーにはそのような過酷な使用環境においても安全・安心にお使い頂ける走破性、小回りの利くボディサイズが求められており、これらのニーズに高い技術でお応えし、チャレンジし続けることが「ジムニーらしさ」に繋がる大切なポリシーであると考えています。

自動車を取り巻く環境の大変換期を迎えて

現在、百年に一度の大変革といわれるCASEの波が自動車業界に押し寄せています。

めまぐるしく変わるこの大変革時代を迎える今、これまでのように今からできる事だけを積み上げていく旧態依然としたやり方では、先にある未来を描くことは出来ません。30年あるいはそれより先の未来の「あるべき姿」を思い描き、その未来から遡ってロードマップを描き、限られたリソースを全体最適しながら技術開発を進めていく必要があります。

そのCASE時代へのロードマップにおいても「お客様の立場になったものづくり」は、決して忘れてはならない指針であることに変わりはありません。

例えば自動運転技術は、高性能かつ高額なセンサーをいくつも付ければ、早期に実現できるかもしれません。しかしそれでは、軽自動車、コンパクトカーとしてお求め易い価格でご提供する事が出来ません。スズキはいつの時代も世界中の多くのお客様にモビリティの恩恵を受けて頂けるよう取り組んで参りましたが、CASE時代においてもこれまでと同様、性能とコストの両面で最適なセンサーやシステムを採用し、本当に必要な技術を搭載した商品を、一人でも多くのお客様にお届けできる様に開発を進めて参ります。

最後に

現在は、「モノよりコト」の時代と言われています。しかし私は、「モノがなければコトもない」と思っています。おもしろい、楽しい、ワクワクするモノがあるから、コトが広がる。スズキはこれまで培ってきた「モノ」づくりにこだわり、お客様の立場になったより良い「モノ」をご提供しながら、多様化するニーズやその先にある「コト」にも目を向けて参ります。また、社員一人ひとりが協力し、チームスズキとして、スズキが思い描く未来、ワクワクする「モノ」づくりの実現に向けて取り組んで参りたいと考えています。

論壇

Contribution to JAHFA

「走る歓び」、人々の心と体を元気にするクルマづくり

マツダ株式会社
代表取締役社長兼CEO
丸本 明

マツダは技術開発の長期ビジョン「サステイナブル“Zoom-Zoom”宣言2030」を昨年８月に公表しました。このビジョンを踏まえ、「人間中心」の開発哲学にもとづき、心豊かなカーライフの実現を目指した電動化とコネクティビティの技術戦略を今年10月に発表いたしました。

私たちマツダはお客様と強い絆で結ばれたブランドになりたいと考えています。そのためには、マツダならではの価値として「走る歓び」を追求し、極め続けることが最も大切なことだと考えています。カーライフを通じてお客様に「走る歓び」による「人生の輝き」を提供し続けることがマツダとお客様との絆をより強く、深くするのだと考えています。

マツダが目指す「走る歓び」とは、日常の運転シーンにおいて、まるで長く使い込んだ道具のように、自分の意図通りに走り、曲がり、止まることができること。人間が持つ「自然に振る舞う」動きにクルマの動きを一致させ、一緒に乗っている人もクルマの動きを自然に感じ取ることができ、安心して乗っていただける。また、目にした瞬間に心を奪われ、その場所の風景や光により表情を変えているクルマをずっと眺めていたくなる。そしてまた走りたくなる。そのようなクルマを所有し、どこまでも一緒に走り、過ごすことで得られる「心の満足」。これが、マツダが目指す「走る歓び」です。

マツダが目指す「走る歓び」を通じて、「地球」、「社会」、「人」が持つ課題を解決する考え方や道筋を策定したのが「サステイナブル“Zoom-Zoom”宣言2030」です。

マツダが取り組む課題のうち「地球」については、地球温暖化の抑制に取り組むため、マツダはクルマのライフサイクル全体を対象とした“Well-to-Wheel”の観点からCO_2削減を進めます。“Well-to-Wheel”での企業平均CO_2排出量を2050年までに2010年比90％削減することを視野に、2030年時点で50％削減することを目指します。

“Well-to-Wheel”でのCO_2削減目標を達成するためには、地域によって異なる自動車のパワーソースの適性やエネルギー事情、電力の発電構成などを踏まえて、適材適所で対応するマルチソリューションが必要と考えています。外部機関による2030年時点の見通しとして、大多数のクルマは内燃機関に電動化技術を組み合せたものになると予測されています。

マツダは2030年時点で、生産するすべてのクルマに

サステイナブル "Zoom-Zoom" 宣言2030

クルマのライフサイクル全体でのco_2削減に向け、WELL-TO-WHEEL視点でのco_2削減に取り組む

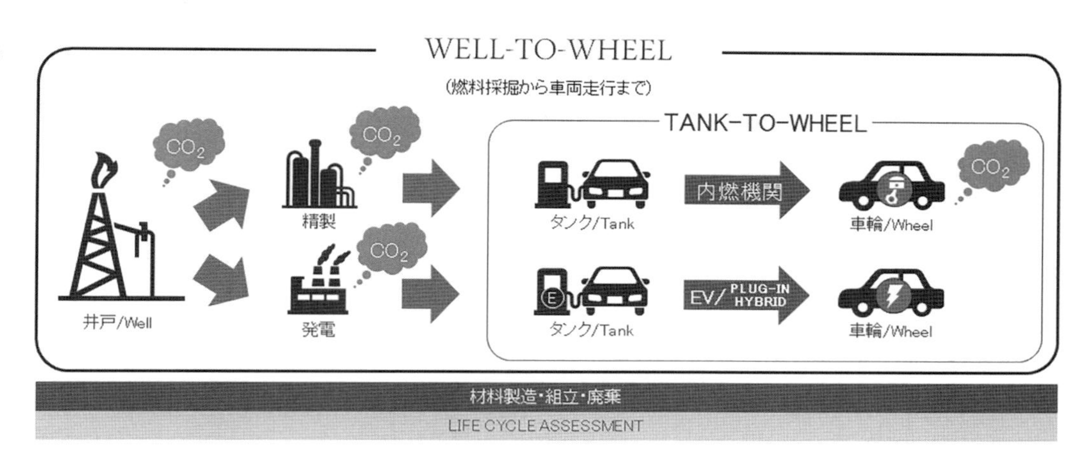

電動化技術を搭載してまいります。パワーユニットの構成比はプラグインハイブリッドやハイブリッドを含めた内燃機関搭載車が95%、電気駆動のみのEVが５％と見通しています。従い、内燃機関の理想を追求していく従来からの戦略に変更はありません。「理想の内燃機関実現に向けたロードマップ」に基づく技術開発を進め、2030年までに最終的なゴールを目指します。

また、2050年のCO_2削減目標を達成するアプローチのひとつとして、マツダは微細藻類から生成されるバイオ燃料などの再生可能液体燃料の技術課題の解決や普及に向けた取り組みを、産学官の連携を通じて推進しています。

一方、クリーン発電が可能である、または大気汚染抑制のための規制があるといったEVなどの電気駆動技術が有効な地域に対しては、電気駆動ならではの利点と独自の技術を活用し、「走る歓び」を体現したEVの商品化に取り組みます。その実現手段のひとつが、マツダ独自の内燃機関であるロータリーエンジンを使ったレンジエクステンダーです。ロータリーエンジンを発電システムとして使用し、「いつでも行きたいところに、自由に行ける」というクルマの持つ価値をEVにおいても実現してまいります。

「社会」の課題として、社会構造の変化にともない、交通面で不自由をされている方々も増えています。

また、「人」の課題としては、人々は機械化や自動化により経済的な豊かさの恩恵を受けている一方で、運動不足や、人や社会との直接的な関わりが希薄になりがちであり、ストレスが増加しているのではないかと考えています。このような「社会」および「人」に関する課題認識のもと、マツダは「人間中心」の考え方で、デジタル社会の利便性とリアルな人とのつながりを両立させ、クルマを通じた体験や感動の共有によって人・社会をつなげ、いつまでも人間らしい心豊かな「生きる歓び」が実感できるコネクティビティ技術を開発し提供していきたいと考えています。

いま、自動車産業は100年に一度の変革期を迎えているといわれていますが、マツダはこれを新しい『クルマ文化創造』のチャンスだと捉えています。マツダならではの『人間中心』の開発哲学をもとに、新技術を活用しながら『走る歓び』を『飽くなき挑戦』で追求し続け、お客さまと世界一強い絆で結ばれたブランドになることを目指してまいります。

2018

JAHFA
JAPAN AUTOMOTIVE HALL OF FAME

論壇
Contribution to JAHFA

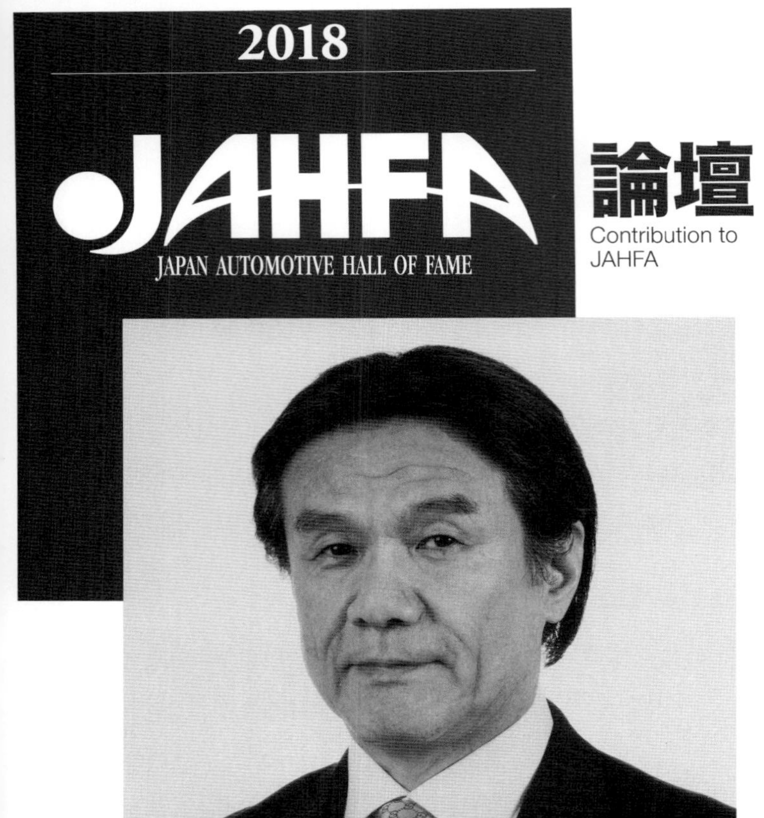

持続可能なモビリティ社会の実現に向けて

日産自動車株式会社
専務執行役員
Chief Sustainability Officer
川口 均

日産は、2017年度より「着実な成長」と「技術およびビジネスの進化をリードする」という二つのミッションを軸とした中期計画「Nissan M.O.V.E. to 2022」をスタートしました。

この中期計画の一年目である2017年度も、ブランド戦略のコアである「ニッサン インテリジェント モビリティ」のステップとして、積極的に新技術、新商品をお届けしました。その中で代表的なものとして挙げられるのが、100％電気自動車 新型「日産リーフ」を発売したことです。航続距離を大きく伸ばした新型「日産リーフ」は日本を皮切りにグローバルに展開し、発売後、半年で３万２千台を販売いたしました。2010年に発売した初代からの累計販売は32万台と、順調に販売を伸ばし、EVの累計販売台数ではグローバルで１位となっています。同車は2017年度日本自動車殿堂「カーテクノロジーオブザイヤー」、「CES2018ベスト・オブ・イノベーション」、「2018ワールド・グリーン・カー」にも選出されました。この場を借りて、御礼申し上げます。2018年度には「日産リーフ」の、より航続距離とパワーを向上させたモデルを追加投入する予定ですので、ご期待ください。

日産は、日本市場を「ニッサン インテリジェント モビリティ」における技術の進化をリードする市場と位置付けています。2017年度は、「日産リーフ」に加え、本格SUVの「エクストレイル」に、高速道路同一車線自動運転技術「プロパイロット」を搭載し発売いたしました。また、「ノート」に続くe-POWER第二弾として、「セレナe-POWER」を追加いたしました。当社ならではの電動化技術であるe-POWERは大変ご好評をいただいており、「ノート」では、2017年度でコンパクトセグメントNo.1、2018年度上半期での登録車No.1、「セレナ」では2018年度上半期ミニバンNo.1となることができました。

中期計画において電動化の拡充をリードする活動として、日本市場では2022年度までに、軽自動車を含む新型電気自動車３車種を投入、また世界に先駆けて日本で最初に投入した「e-POWER」は５車種に搭載し、さらなるお客さまのニーズにお応えしていく計画です。これにより、2022年度までに日本市場での販売台数の40％以上を電動駆動車とし、2025年度までに２台に１台以上を電動駆動車とすることを目指します。さらに、自動運転技術の拡充もリードしていきます。「セレナ」から搭載を開始した「プロパイロット」は、「エクストレイル／ローグ」や「日産リーフ」、「キャシュカイ」

など、米国や欧州でも搭載車種を拡大し、これまでに同技術を搭載した車両は12万台以上を販売しています。さらに、2022年度までに20の市場で20車種に搭載する計画です。

新事業領域であるモビリティ・サービスでは、国内で無人運転車両を活用した新しい交通サービス「Easy Ride」の実証実験を株式会社ディー・エヌ・エーと共同で開始し、お客さまより非常にポジティブな反応をいただいています。また「NISSAN e-シェアモビ」という「日産リーフ」、「ノート e-POWER」といった電動駆動車のみによる新たなカーシェアリングサービスを開始し、2018年度末までに現在の30拠点から500拠点まで拡大していきます。

販売会社に関しても、多様化するお客さまの購買行動とカーライフにお応えすべく、新世代店舗デザインコンセプトである「リテール・コンセプト」を導入し、一人一人にカスタマイズされたサービスを提供していきます。同コンセプトは、2022年度までに全世界170カ国以上9,000店舗以上に導入する計画です。日本ではまず5店舗に先行して導入し、2022年度までに、段階的に展開していきます。

また日産は、企業の社会的責任・CSRについても、幅広く、積極的な取り組みを進めています。本年6月に「Nissan Sustainability 2022」を発表いたしました。これは、環境、社会性、ガバナンスの側面における日産の取り組みを明確にし、社会の持続的発展に貢献することを改めて示したものです。当社の究極のゴールである「ゼロ・エミッション」や「ゼロ・フェイタリティ」、「ニッサン・グリーンプログラム2022」、当社の特徴でもあるダイバーシティのさらなる推進、加えて、グローバルでのコンプライアンス体制、ガバナンスの強化、改善など、様々な取り組みを「Nissan M.O.V.E to 2022」の活動の一環として、昨年度完成検査の問題等からの経験、学びも含め、中期の視点で確実に進めてまいります。

100%電気自動車の新型「日産リーフ」

e-POWER搭載車第二弾となる「セレナe-POWER」

お客さまにご好評いただいている「ノートe-POWER」

企業ビジョン
日産：人々の生活を豊かに

環境、社会性、ガバナンスの側面において、社会の持続的発展に貢献

Contribution to JAHFA

"Drive your Ambition" ～次の100年に向けて～

三菱自動車工業株式会社
取締役CEO（代表取締役）
益子 修

三菱自動車は昨年、クルマづくり100周年を迎え、次の100年に向けた新しいブランドメッセージ"Drive your Ambition"を発表しました。

これは当社が進む道を示すメッセージであり、決意でもあります。クルマ社会は新たな変革期を迎えており、より安全・安心で便利なクルマ社会が実現されようとしています。

当社はこの新しい時代の到来に向けて、これまで培ってきた技術にさらに磨きをかけるとともに、時代をリードする新しい価値を提供することで、もっと豊かなクルマ社会を実現していきたいと考えています。

この"Drive your Ambition"を体現する新型車として、昨年10月、スタイリッシュなクーペフォルムを融合させたコンパクトSUV『エクリプス クロス』を欧州に出荷開始し、北米、オセアニア、アセアン、その他地域へと順次展開。国内でも本年３月に発売しました。

また、SUVの力強さを融合させたコンパクトMPV『エクスパンダー』を昨年10月にインドネシアで発売し、三菱自動車らしいデザインや広々としたインテリア、高い走行性能などがお客様に評価され、本年３月と７月には同国の車種別販売台数ランキングで首位を獲得、有力誌が主宰するカー・オブ・ザ・イヤーも受賞し、好調な販売を維持しています。

そして、本年は国内主力車種の『デリカ』シリーズが発売から50周年を迎えました。『デリカ』の車名は「デリバリーカー」を由来としており、1968年の初代から現在の５代目に至るまで、「様々な道路状況において、乗員や荷物を目的地まで確実に運ぶクルマ」として長くお客様に支持されてきました。50周年という節目となる本年度には、12年振りとなる新型『デリカ D:5』の発売を予定しています。

初代『デリカ』は高度経済成長時代の物資輸送の担い手としてキャブオーバータイプのトラックから始まり、翌年にワンボックスタイプのバンとワゴンを設定しました。２代目『デリカ スターワゴン』では同タイプで日本初の4WDモデルを設定し、当社を代表するクロスカントリーSUV『パジェロ』とともにRV及びアウトドアブームの火付け役となり、３代目の『デリカ スターワゴン』では快適性と利便性を向上させたことによって、家族や仲間とともにアウトドアレジャー

スタイリッシュなクーペフォルムを融合させたコンパクトSUV『エクリプス クロス』

『デリカD:5』

SUVのプラグインハイブリッドEV『アウトランダーPHEV』

をいっそうお楽しみ頂けるようになりました。

キャブオーバータイプからボンネットタイプとした4代目『デリカ スペースギア』では、衝突安全性とスペースユーティリティをレベルアップさせ、アウトドアライフでのベストギアとして高く評価され、『パジェロ』と並ぶ看板車種となりました。現行の5代目『デリカD:5』は衝突安全性と走行安定性を高める環状骨格構造ボディや電子制御4WDなど商品力を大幅に刷新し、SUVのタフな走りを備えたミニバンへと進化しました。

歴代モデルはそれぞれの時代に応じて変化してきましたが、人々の生活を豊かにするクルマという提供価値は一貫しており、新しいブランドメッセージ"Drive your Ambition"に込めた想いに通じるところがあります。『デリカ』は"Drive your Ambition"を具現化したモデルとして、お客様の行動範囲を拡大し、家族や仲間と楽しく過ごすレジャーシーンや時間を創出するミニバンとして今後も進化し続けていきます。

現在、自動車産業は大きな転換期にあり、パラダイムシフトへの対応が求められております。例えば、各国における環境規制の強化は内燃機関の効率改善や軽量化だけでは対応できない水準となっており、世界中のメーカーが電動車を投入し始め、競争が本格化しています。また、自動運転技術や予防安全技術が当たり前のように求められるようになってきました。今後、コネクティッドカー機能と合わせ、"クルマのIT化"がさらに進んでいきます。

当社のクルマづくりの強みは、SUV技術にあります。そして世界初の量産電気自動車『i-MiEV』や、SUVのプラグインハイブリッドEV『アウトランダーPHEV』など、他社に先駆けて電動化技術を導入したように、これまでになかった新ジャンルのクルマを創り上げるというところにも強みがあります。これからも、SUVや電動化技術を更に磨き、AI技術やコネクティッドカー技術など、様々な技術と融合させて、クルマに新たな価値を生み出していきたいと考えています。

三菱自動車が提供する新しい価値は、お客様が今までできなかった体験を可能にします。「行動範囲を広げたい、様々なことに挑戦したい」、そのような志を持ったお客様をサポートし続けてまいります。

論壇
Contribution to JAHFA

Light you up お客様に寄り添ったクルマづくり

ダイハツ工業株式会社
代表取締役社長
奥平 総一郎

はじめに

ダイハツ工業は昨年、創立110周年を迎え、グループスローガンを「Light you up　～らしく、ともに、軽やかに～」に刷新いたしました。お客様一人ひとりを照らし、きめ細やかな商品やサービスを実現することで、輝いたライフスタイルをご提供すること。暮らしや環境への負担が少ないスモールカーで軽やかな気持ちをご提供すること。この「Light you up」の考え方を指針に、中長期経営シナリオ「D-challenge2025」のもと、「モノづくり」と「コトづくり」の両輪で、ダイハツブランドの進化を目指しております。

ダイハツのモノづくり

「モノづくり」においては、DNGA(ダイハツ ニューグローバル アーキテクチャー)の実現を目指します。これはダイハツらしい「良品廉価」なクルマづくりのコンセプトであり、軽を基点に小型車まで、すなわち「小から大」のクルマづくりです。①選択と集中によるさらなる良品廉価の追求、②先進技術の採用、③ポストSSC(シンプル・スリム・コンパクト)の確立、の３つをテーマに、DNGAの実現をやり切り、東京オリンピックまでに、第一弾となる軽自動車を投入する予定です。

足元では、今年６月に新型軽乗用車「ミラ トコット」を発売いたしました。このクルマは、若年女性エントリーユーザーをはじめ幅広い方々に、日々のモビリティライフをより安心して過ごしていただきたいとの想いを込めて開発した新型車です。軽自動車に相応しいお求めやすい価格を実現するとともに、シンプルで愛着のわくデザインにこだわり、クルマを初めて購入する、運転に不慣れなエントリーユーザーにも気軽に安心してお乗りいただけるよう、工夫を凝らした一台です。

また、昨年から今年にかけ、軽商用車「ハイゼットカーゴ」、「ハイゼットトラック」に、衝突回避支援システム「スマートアシスト」を採用いたしました。仕事から日常生活まで、幅広い使われ方をする軽商用車に、初めて歩行者にも対応する衝突回避支援ブレーキ機能を搭載した「スマートアシスト」を採用し、より多くのお客様に安全・安心をご提供いたします。

これらのように、ダイハツは今後も、「Light you up」の考え方に基づき、軽自動車の本質である「低燃費、低価格、安全・安心」を追求するとともに、社会環境やお客様の好みの変化にあわせ、多様なニーズにお応えできるユーザーオリエンテッドなスモールカーづくりを推進してまいります。

Light you up
らしく、ともに、軽やかに
ダイハツブランド進化
中長期経営シナリオ
「D-Challenge 2025」
モノづくり
「DNGA実現」
現在の
ダイハツ
コトづくり
「お客様や地域との接点拡大」

Light you upを指針にダイハツブランドの進化を目指す

衝突回避支援システム「スマートアシストⅢt」を採用（写真はハイゼットトラック）

ユーザーオリエンテッドで良品廉価なクルマづくりを目指す（写真はミラ トコット）

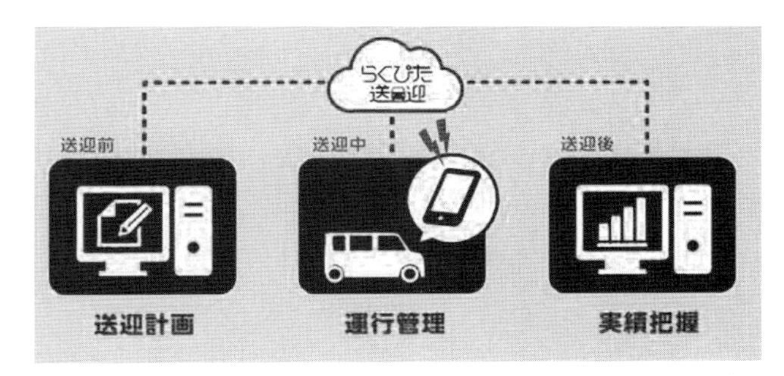

簡易テレマティクスを用いた通所介護事業施設向けの送迎支援システム（写真はらくぴた送迎システムイメージ）

ダイハツの先進技術

一方、DNGAの開発には、昨今注目が高まっている電動化や自動運転などの先進技術も当然含まれております。キーワードは「先進技術をみんなのものに」です。ダイハツが軽で初めて実現した衝突回避支援システム「スマートアシスト」のように、お客様の暮らしに役立つ先進技術を、お求めやすい価格でご提供すること。そして、安全、環境、つながりあう社会、様々な分野で普及させることが私たちの使命です。

特に安全分野では、今後もスマートアシストを進化させ、すべてのお客様が自由に安心して移動できるアシスト機能を目指します。例えば将来的には、ご高齢でご自身での運転が困難なお客様が一人で移動できるクルマを提供し、お客様のモビリティライフを豊かにするお手伝いをしたいと考えております。

環境分野では、パワートレーンの電動化は今後必要不可欠な技術であり、ダイハツもEV、HVの開発に取り組んでおります。バッテリーの価格や大きさなど、小さなクルマでの電動化のハードルはまだ高いですが、ダイハツの得意とするパッケージ技術を生かし、まずはお求めやすく、コンパクトで、さらに扱いやすいHVを導入し、EVの開発なども視野に入れて、進めてまいります。

ダイハツのコトづくり

「コトづくり」では、「お客様や地域の方々との接点拡大」を主眼とした活動を推進しております。その一環として、2016年から「高齢者の事故低減に向けた産官学民の取り組み」を開始しました。これは、高齢化が進む地域社会で、「産＝ダイハツ／JAF、官＝地方自治体、学＝理学療法士協会、民＝地域社会」の連携により、「いくつになっても自由に移動できる自立した生活」を地域と連携してサポートする活動です。

また昨年には、通所介護事業施設（デイサービスなど）向けの送迎支援システムとなる「らくぴた送迎」を開発いたしました。このシステムは、介護施設職員の計画作成／運行管理への悩みを解消し、“短時間”で“家の前まで送迎車が来てくれる”など「施設利用者にとって嬉しいスモールカーを活用した送迎の普及」に向けた、スマートフォンを活用した簡易テレマティクスです。実際にご使用いただいた方からも歓迎の声をいただいており、ダイハツは今後もこれらの取り組みを通じて、お客様や地域との接点を拡大してまいります。

最後に

今後も「Light you up」の考えのもと、「モノづくり」と「コトづくり」の両輪でダイハツブランドを進化させ、お客様に寄り添ったクルマづくりを続けていくことで、「お客様に最も近いブランド」に成長させてまいります。

Contribution to JAHFA

新中期経営ビジョン「STEP」

株式会社SUBARU
代表取締役社長
中村 知美

はじめに

ＳＵＢＡＲＵは、2018年７月に2025年までの新中期経営ビジョン「ＳＴＥＰ」を発表しました。新たなビジョンの策定に至った経緯には、自動車業界の大変革期といわれる中で、外部環境の変化を見据えた経営の方向性を示す必要があったこと。また近年の急成長に伴い、当社の抱える課題が明確になった事があります。完成検査に関わる不適切事案では、お客様をはじめとするステークホルダーの皆様に大変なご心配とご迷惑をおかけしてしまいました。失った信頼を取り戻すため、一刻も早く真の実力を養成し、「お客様に『安心と愉しさ』を提供する」というブランドの軸はぶらさず、多様化する社会ニーズに貢献し、企業としての責任を果たして行きます。そして、お客様に共感され、信頼して頂ける存在を目指すという強い意志のもと、全社員一丸となって取り組みを進めて行きたいと思います。

「ＳＴＥＰ」の考え方

経営理念である「お客様第一を基軸に『存在感と魅力ある企業』を目指す」、また、ありたい姿である「モノをつくる会社から笑顔をつくる会社へ」は不変とし、その下に「個性を磨き上げ、お客様にとってDifferentな存在になる」、「お客様一人一人が主役の、心に響く事業活動を展開する」、「多様化する社会ニーズに貢献し、企業としての社会的責任を果たす」という、３つのビジョンを掲げました。

この３つのビジョンのもと、「会社の質の向上」、「強固なブランドの構築」、「集中戦略を軸とした持続的成長」の３つの取り組みを設定し、各々「モノづくり」、「販売とサービス」、「新たなモビリティ領域」の点において実行してまいります。また、完成検査に関わる不適切事案を受け、組織風土を根本から変えることは喫緊の課題であると強く認識しており、３つの取り組みの前段として、「“Change the Culture” 組織風土改革」を行ってまいります。

「ＳＴＥＰ」の取り組み

「会社の質の向上」では、品質向上を最重点テーマと捉えています。近年の急成長に伴い、市場品質問題は増える傾向にあり、お客様からの信頼の基本となる「品質」を抜本的に改善していくことは急務です。何よりも品質が優先される会社に変えて行かなければいけないと認識しています。

そのため、商品企画から生産に至るまでの品質つくり込みのプロセスの見直し、生産工場のレベルアップ、品質マネジメント体制や品質保証機能の強化やサービス品質の向上など、あらゆる面での品質の抜本的改革に取り組みます。

「強固なブランドの構築」では、ＳＵＢＡＲＵのブランドのコアバリューである「安全・安心」の取り組みを加速させます。「人の命を守ることにこだわり、2030年に死亡交通事故ゼロを目指す」を将来目標に、自動化ありきではなく、人が得意なタスクは尊重し、苦手なタスクをクルマが補い、安全に移動するということを前提に考え、まずはレベル２での運転支援技術を磨き上げて行きます。

また、これまで以上に「お客様に『ＳＵＢＡＲＵだと安心』」と感じていただけるよう、従来の総合安全技術に加えて、つながる技術や知能化技術の取り組みも進めてまいります。

さらに、人と人とのつながりを大事にして、ＳＵＢＡＲＵ販売店、お客様、そして、それを取り巻くコミュニティーが一体となって、そこに関係する人々すべてが愛されるような存在を目指したいと思います。

今後の商品、デザインの方向性については、主力車種を原則毎年フルモデルチェンジし市場投入して行くとともに、個性際立つSUV商品とスポーツ系の商品のラインナップとバリエーションの拡充を行ってまいります。また、我々のデザインアイデンティティである“Dynamic & Solid”を、より大胆な方向に進化させて行きます。

環境対応については、プラグインハイブリッドやEVの市場投入を計画通り進め、電動車の充実を進めるとともに、ダウンサイジングターボの投入や軽量化技術の投入によって、各車種の燃費性能を向上させて行きます。また燃費性能だけでなく、商品の信頼性・耐久性、安全性、実用性などトータルでの無駄を削減することに取り組んでまいります。

「集中戦略を軸とした持続的成長」では、米国での成長を維持しつつ、市場毎に適した姿の持続的な成長を目指し、グローバルでの販売規模は2025年で130万台を計画いたします。日本は、マザーマーケットとして現状レベルを維持。またアジアでは、来年立ち上げのタイのノックダウン工場における新型フォレスター生産をフックとして販売を伸長したいと考えています。

モノを作る会社から、笑顔を作る会社として、ＳＵＢＡＲＵが単なるメーカーを超えてお客様に共感され、信頼していただける存在になるために、まずは、商品・販売・サービス、そしてコミュニケーションと、あらゆるお客様との接点で、全員が全力を尽くし、あらゆる質を高めてまいります。それこそが、私たちＳＵＢＡＲＵが目指すべき姿であり、みなさまから期待されている姿だと思うからです。

今回掲げた新中期経営ビジョン「ＳＴＥＰ」で掲げた取り組みを着実に遂行し、次の社会の変化を乗り越えるためのJUMPに備え、着実に、力強く、歩を進めてまいります。

これからも、皆様からの変わらぬご支援を、よろしくお願い申し上げます。

日本自動車殿堂イヤー賞選考要領

1．イヤー賞の種類

当該年度の最も優れた乗用車およびその開発チームを表彰する。

（1）2018～2019
日本自動車殿堂カーオブザイヤー
（国産乗用車）

（2）2018～2019
日本自動車殿堂インポートカーオブザイヤー
（輸入乗用車）

（3）2018～2019
日本自動車殿堂カーデザインオブザイヤー
（国産および輸入乗用車）

（4）2018～2019
日本自動車殿堂カーテクノロジーオブザイヤー
（国産および輸入乗用車）

2．年次の選考対象期間

本年度は2017年10月21日から2018年10月20日を新型車選考対象期間とする。

3．選考対象車および開発グループ

国内で販売された新型車を原則とし、選考準備委員会（従来通りとし、イヤー賞選考委員会委員長が兼ねる）がこれを決定する。その場合、合理的な選考を考慮して選考対象車数を一定範囲内に収めることができる。また、会員、顧問、自動車メーカーおよびインポーターなどに意見を求めることができる。

4．選考方法

（1）日本自動車殿堂イヤー賞は、選考の客観化と定量化そして高質化を目指し事前に各賞の選考委員集団の評価特性を位置づける。

（2）各賞の選考は、選考委員の投票によって行う。

（3）選考の投票には、総合評価および階層分析法AHP（Analytic Hierarchy Process）を組み合わせた選考準備委員会が構築した方式を用いる。

5．選考委員および投票

（1）日本自動車殿堂カーオブザイヤーの選考は、選考準備委員会が選出した8名以上（評価理論にもとづく）の会員が選考委員となる。なお、選考における評価項目は「実用・利便性」「経済性」「審美性」「先進性」「安全性」「環境性」を用い、そしてこれらを含めた選考委員の総合評価（必要に応じてAHP）をもって投票を行う。

（2）日本自動車殿堂インポートカーオブザイヤーの選考は、（1）と同様とする。

（3）日本自動車殿堂カーデザインオブザイヤーの選考は、選考準備委員会が委嘱したその分野の8名以上（評価理論にもとづく）のプロフェッショナルが選考委員となる。なお、選考における評価項目は「審美性」「先進・独自性」「実用・利便性」「経済性」「安全性」「環境性」を用い、そしてこれらを含めた選考委員の総合評価（必要に応じてAHP）をもって投票を行う。

（4）カーテクノロジーオブザイヤーの選考は、選考準備委員会が選出したその分野の会員8名以上（評価理論にもとづく）のプロフェッショナルが選考委員となる。なお、選考における評価項目は「先進・独自性」「高機能性」「経済性」「実用・利便性」「安全性」「環境性」を用い、そしてこれらを含めた選考委員の総合評価（必要に応じてAHP）をもって投票を行う。

6．選考の手順

（1）選考委員集団の評価特性の定量化

各賞の選考に先立ち、選考委員（パネル）の評価特性（いわゆる評価を行う側の評価）を計量・解析し、各賞選考委員の集団としての評価特性をレーダーチャートによって位置付け、主観評価の客観化に努める。必要に応じてこれを開示する。

（2）当該年次の各対象車種の選定

選考準備委員会は、当該年次の対象車「第1次ノミネート車」を選び、これらのうち原則として10数車を「第2次ノミネート車」として選定し、それぞれの所定の投票用紙を添えて選考委員に送付する。

（3）評価と集計および統計処理

選考委員は、「第2次ノミネート車（10数車）」を対象にして、「総合評価（100点満点）」によって6車を選び出す。その最高点の1車についてはコメント（選んだ理由）を付す。選考委員は、所定の投票用紙にこれらを記入して投票する。

選考準備委員会は、これらを統計処理（階層分析法AHPなどによる評価点の客観化、データの正規化）し、順位を算出する。

これらの結果にもとづき、イヤー賞選考委員会は各賞を決定し、選考理由を付す。委員長がこれを公表する。

7．選考委員名簿

イヤー賞選考委員会委員長　理事　**藤本　彰**
(株)カースタイリング出版　代表取締役社長

イヤー賞選考委員会主幹　理事　**寺本　健**
(株)KENTWORKS代表

(1)2018〜2019
日本自動車殿堂カーオブザイヤー

(2)2018〜2019
日本自動車殿堂インポートカーオブザイヤー

選考委員名(順不同)

景山　一郎 ―― 日本大学生産工学部　教授
佐野　彰一 ―― 東京電機大学理工学部　元教授
澤田　東一 ―― 芝浦工業大学　名誉教授
沼尻　到 ―― 交通事故総合分析センター　元所長
間宮　篤 ―― 東京アールアンドデー　取締役
野崎　博路 ―― 工学院大学工学部　教授
浅野　邦明 ―― 自動車安全運転センター　元理論教官
廣瀬　敏也 ―― 芝浦工業大学工学部　准教授
北原　孝 ―― 東京工業大学　元特任教授
寺本　健 ―― 自動車研究開発　技術コンサルタント
梶原　伸治 ―― 近畿大学理工学部　准教授
東　大輔 ―― 久留米工業大学　教授
吉野　貴彦 ―― 久留米工業大学工学部　講師

(3)2018〜2019
日本自動車殿堂カーデザインオブザイヤー

選考委員名(順不同)

石井　明 ―― 九州大学大学院　名誉教授
河岡　徳彦 ―― 静岡文化芸術大学デザイン学部　元教授
松井　孝晏 ―― 東京造形大学造形学部 元教授
澤田　東一 ―― 芝浦工業大学　名誉教授
坂口　善英 ―― HAL東京　カーデザイン学部　教官
稲田　真一 - 武蔵野美術大学工芸工業デザイン学科　教授
木村　徹 ―― 名古屋芸術大学　客員教授
東　大輔 ―― 久留米工業大学　教授
海老澤　伸樹 - 産業技術大学院大学産業技術研究科　教授

(4)2018〜2019
日本自動車殿堂カーテクノロジーオブザイヤー

選考委員名(順不同)

佐野　彰一 ―― 東京電機大学理工学部　元教授
景山　一郎 ―― 日本大学生産工学部　教授
澤田　東一 ―― 芝浦工業大学　名誉教授
野崎　博路 ―― 工学院大学工学部　教授
廣瀬　敏也 ―― 芝浦工業大学工学部　准教授
北原　孝 ―― 東京工業大学　元特任教授
寺本　健 ―― 自動車研究開発　技術コンサルタント
梶原　伸治 ―― 近畿大学理工学部　准教授
東　大輔 ―― 久留米工業大学　教授
吉野　貴彦 ―― 久留米工業大学工学部　講師

日本自動車殿堂
イヤー賞

当該年度の最も優れた乗用車とその開発チームを表彰

■日本自動車殿堂　カーオブザイヤー（国産乗用車）

■日本自動車殿堂　インポートカーオブザイヤー（輸入乗用車）

■日本自動車殿堂　カーデザインオブザイヤー（国産および輸入乗用車）

■日本自動車殿堂　カーテクノロジーオブザイヤー（国産および輸入乗用車）

Japan Automotive Hall of Fame
JAHFA Yearly Awards

Every current year the following titles are awarded to the most excellent automotive cars, design, technology and their developing teams. They are recorded in this chapter.

•JAHFA Car of the Year (domestic cars)
•JAHFA Imported Car of the Year (imported cars)
•JAHFA Car Design of the Year (domestic and imported cars)
•JAHFA Car Technology of the Year (domestic and imported cars)

日本自動車殿堂　カーオブザイヤー

マツダ CX-8

MAZDA CX-8

この年次に発表された国産乗用車のなかで
最も優れた乗用車として
マツダ CX-8が選定されました

スタイリッシュな３列シートSUV
卓越した運動性能と効率的な室内空間
運転負荷の軽減と先進の予防安全技術

数々の優れた特徴をそなえた車です
ここに表記の称号を贈り
開発グループの栄誉をたたえ表彰致します

2018～2019
IMPORTED CAR OF THE YEAR

日本自動車殿堂　インポートカーオブザイヤー

BMW X2

BMW X2

この年次に発表された輸入乗用車のなかで
最も優れた乗用車として
BMW X2が選定されました

俊敏で躍動感のあるエクステリア
優れた操作性と心地よいインテリア
充実した安全運転支援システム

数々の優れた特徴をそなえた車です
ここに表記の称号を贈り
インポーターの栄誉をたたえ表彰致します

2018〜2019
CAR DESIGN OF THE YEAR

日本自動車殿堂　カーデザインオブザイヤー

レンジローバー ヴェラール

RANGE ROVER VELAR

この年次に発表された国産乗用車・輸入乗用車のなかで
最も優れたデザインの車として
レンジローバー ヴェラールが選定されました

滑らかなボディ表面処理と個性的なフォルム
シンプルでクリーンな操作系デザイン
伝統あるデザインの巧みな進化

数々の優れた特徴をそなえた車です
ここに表記の称号を贈り
デザイングループの栄誉をたたえ表彰致します

CAR TECHNOLOGY OF THE YEAR

日本自動車殿堂　カーテクノロジーオブザイヤー

トヨタ コネクティッド・サービス

TOYOTA Connected Services

この年次に発表された国産乗用車・輸入乗用車のなかで
最も優れた技術として
トヨタ コネクティッド・サービスが選定されました

新たなモビリティへの先駆け
通信モジュールDCMを標準搭載
24時間365日の安全・安心をサポート

数々の優れた特徴をそなえています
ここに表記の称号を贈り
開発グループの栄誉をたたえ表彰致します

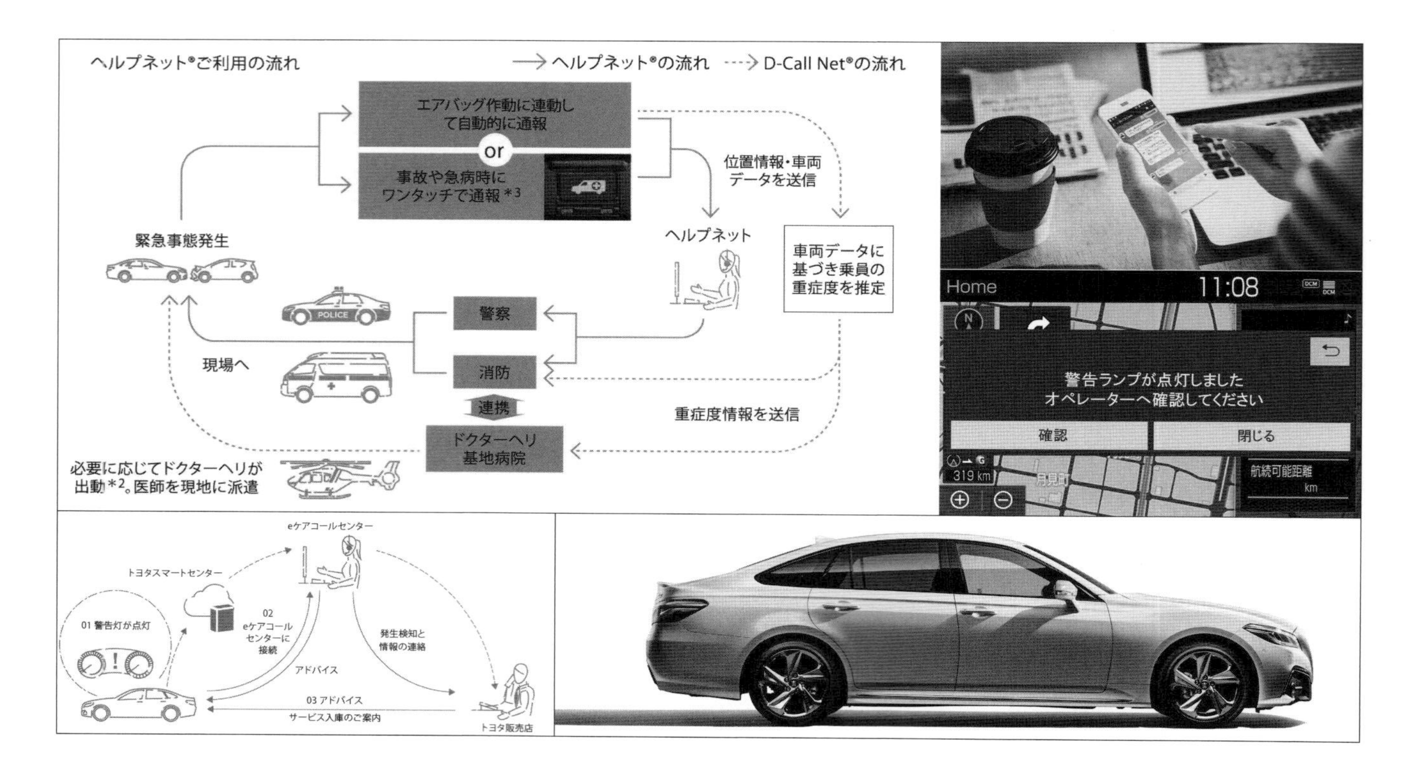

日本自動車殿堂 歴代のイヤー賞受賞車

Japan Automotive Hall of Fame Year Award Cars

日本の自動車の開発においてその年次で最も優れた乗用車を
選出してその開発チームを表彰し、
日本自動車殿堂に登録して永く伝承します。

Annually cars marked an epoch in our automotive society are selected and registered in the JAHFA Car of the Year list.
Team members engaged in their development are recognized and their accomplishments are transmitted to posterity.

■日本自動車殿堂　カーオブザイヤー（JAHFA CAR OF THE YEAR）

年度	ブランド名	モデル名	選定理由
2017～2018	ホンダ	N-BOX	走行性・快適性・経済性の高度な融合
2016～2017	トヨタ	プリウス	アイコニック　ヒューマンテック思想の追求
2015～2016	マツダ	ロードスター	軽量高剛性ボディによる卓越した走行性能と低燃費
2014～2015	スズキ	ハスラー	軽自動車の新ジャンル設計思想の創生
2013～2014	ホンダ	フィット　ハイブリッド	小型車の概念を刷新した設計思想の継承
2012～2013	ホンダ	N-BOX +	軽自動車を超えた利便性の追求
2011～2012	日産	リーフ	世界に先駆け量産型EVを開発した勇気
2010～2011	ホンダ	フィット　ハイブリッド	世界に誇れるコンパクトハイブリッド
2009～2010	ホンダ	インサイト	大胆な低価格戦略のハイブリッド車
2008～2009	トヨタ	iQ	エコロジーな小型車への勇気ある革新
2007～2008	ホンダ	フィット	環境・安全・実用の最適化
2006～2007	レクサス	LS460	高質かつ魅力的な新しい設計理念へのチャレンジ
2005～2006	ホンダ	シビック	高性能・燃費・環境性への対応
2004～2005	トヨタ	クラウン／クラウン マジェスタ	内外装および室内調度の造り込みの良さ
2003～2004	マツダ	RX-8	さらに進化した高性能ロータリーエンジン
2002～2003	ホンダ	アコード	世界に誇る高質セダン
	マツダ	アテンザ	スポーティーセダンの方向性を示す
2001～2002	ホンダ	フィット	優れたパッケージング
	トヨタ	エスティマ　ハイブリッド	電気式4WD走行制御技術

■日本自動車殿堂　インポートカーオブザイヤー（JAHFA IMPORTED CAR OF THE YEAR）

年度	ブランド名	モデル名	選定理由
2017～2018	ボルボ	S90／V90／V90 Cross Country	より洗練された孤高の北欧調スタイリング
2016～2017	フォルクスワーゲン	ゴルフ トゥーラン	独自のスタイリングによるコンパクトMPV
2015～2016	プジョー	308SW	高効率エンジン・先進の駆動系・軽量化技術
2014～2015	メルセデス・ベンツ	Cクラス	自動車の基本技術の更なる進化
2013～2014	フォルクスワーゲン	ゴルフ	自動車の本質を進化させた車造り
2012～2013	フォルクスワーゲン	フォルクスワーゲンup!	小型車初の安全装備標準化
2011～2012	フォルクスワーゲン	パサート	小型化エンジンによる環境性能の追求
2010～2011	フォルクスワーゲン	ポロ	品質とコストへのこだわり
2009～2010	フォルクスワーゲン	ゴルフ	走行性能と快適性の高度なバランス
2008～2009	アウディ	A4／A4アバント	快適性・スポーツ性・実用性の適切な統合
2007～2008	フォルクスワーゲン	ゴルフ　ヴァリアント	スポーツワゴンの新たな規範
2006～2007	アルファロメオ	ブレラ	魅力あるスタイリングによる景観の向上
2005～2006	プジョー	407	上質な乗り心地とドライバビリティの充実
2004～2005	マセラティ	クワトロポルテ	ブランドイメージを完璧に演出
2003～2004	フォルクスワーゲン	トゥアレグ	ブランドイメージを高めるSUV

■日本自動車殿堂　カーデザインオブザイヤー(JAHFA CAR DESIGN OF THE YEAR)

年度	ブランド名	モデル名	選定理由
2017～2018	レクサス	LC500	独創的デザインのラグジュアリークーペ
2016～2017	ダイハツ	ムーヴ キャンバス	新感覚のミニバス スタイル
2015～2016	ホンダ	S660	完成度の高い軽規格スポーツカーデザイン
2014～2015	BMW	i8	近未来的な進化したスポーツPHEVデザイン
2013～2014	ボルボ	V40	節度のあるスカンジナビアンデザイン
2012～2013	フォルクスワーゲン	フォルクスワーゲンup!	シンプルで明快なスタイリング
2011～2012	日産	リーフ	EVセダンの先駆けとして熟成されたスタイリング
2010～2011	ホンダ	CR-Z	スポーツ性と環境性の両立
2009～2010	トヨタ	プリウス	ハイブリッド車イメージのスタイルリーダー
2008～2009	トヨタ	iQ	全長3mに創られたプロポーションのバランス
2007～2008	マツダ	デミオ	エモーショナルデザインの実用小型車
2006～2007	三菱	i(アイ)	軽自動車の新しいパッケージ提案
2005～2006	BMW	3シリーズ	スポーツセダンとしての完成度の高いスタイリング
2004～2005	トヨタ	ポルテ	ファミリーカーとしての新付加価値創造に挑戦
	アウディ	A6	機能と感性の妥協の無い融合
2003～2004	トヨタ	プリウス	新スタイルテーマに基づく魅力あるデザイン
	ポルシェ	カイエン	ポルシェ独自のスタイリングを確保したSUV
2002～2003	トヨタ	イスト	クラスを超えたプレミアム感の具現化
	ニッサン	キューブ	左右非対称デザインでスタイリングに革新
2001～2002	トヨタ	カムリ	トラディッショナルデザイン
	ニッサン	プリメーラ	メッセージの強いデザイン

■日本自動車殿堂　カーテクノロジーオブザイヤー(JAHFA CAR TECHNOLOGY OF THE YEAR)

年度	ブランド名	モデル名	選定理由
2017～2018	日産	リーフ 搭載技術	一充電航続距離400kmを実現
2016～2017	ホンダ	クラリティ フューエルセル	小型化された燃料電池パワートレイン
2015～2016	トヨタ	フューエルセルシステム	世界初量産燃料電池システムを開発
2014～2015	マツダ	デミオ SKYACTIV-D1.5	革新的なスカイアクティブディーゼルテクノロジー
2013～2014	ホンダ	アコード スポーツハイブリッド i-MMD	革新的なスポーツハイブリッド・システム
2012～2013	マツダ	マツダCX-5 SKYACTIV-D2.2	新世代の低圧縮比クリーンディーゼル技術
2011～2012	マツダ	デミオ　スカイアクティブ	エンジンの本質を追求した燃費性能の向上
2010～2011	スバル	アイサイト(Ver.2)	ステレオ画像技術による予防安全
2009～2010	三菱	i-MiEV	車両統合制御　(MiEV-OS)
2008～2009	日産	エクストレイル　20GT	クリーンディーゼルM9R　エンジン
2007～2008	日産	スカイライン　クーペ	4輪アクティブステアシステム
2006～2007	アウディ	TTクーペ	アルミスチール併用新開発ASF(アウディスペースフレーム)
2005～2006	レクサス	GS430	アクティブステアリング統合制御　(VDIM)
2004～2005	ホンダ	レジェンド	生産技術、安全技術と走行支援システムの融合
	フォルクスワーゲン	ゴルフ	優れたパッケージングとデザイン
2003～2004	ホンダ	インスパイア	先駆の気筒休止エンジン　初の実用化

JAHFA 2017年度(第17回)表彰式・懇親会

2017(第17回)日本自動車殿堂表彰式会場風景
2017 (17th) Japan Automotive Hall of Fame award ceremony

表彰式「開会挨拶」会長　藤本隆宏
Ceremony Opening Speech
President Dr. Takahiro Fujimoto

2017式典司会　野中美里(アナウンサー)
Master of Ceremony, Ms. Misato Nonaka

2017殿堂者(殿堂入り)および歴史車「選考経過報告」選考会議
議長　鈴木一義
2017 Inductee and Historic Car "selection report"
Mr. Kazuyoshi Suzuki, Chairman, Selection Committee

2017殿堂者　宮川秀之氏　受賞
Inductee: Mr. Hideyuki Miyakawa

2017殿堂者　高島鎮雄氏　受賞
Inductee: Mr. Shizuo Takashima

2017殿堂者　鈴木孝幸氏　受賞
Inductee: Dr. Takayuki Suzuki

2017殿堂者　木村治夫氏　受賞
Inductee: Mr. Haruo Kimura

2017日本自動車殿堂　殿堂者(殿堂入り)の方々
2017 JAHFA Inductees

2017歴史遺産車「ダイハツ ツバサ号 三輪トラック」殿堂入り(ダイハツ工業株式会社　広報・渉外室　室長　小池賢様)受賞
2017 Inductee Historic Car: "Daihatsu Tsubasa Three Wheeled Truck", Mr. Ken Koike, General Manager, Public relations Dept. DAIHATSU MOTOR CO., LTD.

2017歴史遺産車「トヨタ ランドクルーザー 40系」殿堂入り(トヨタ自動車株式会社 CV製品企画　チーフエンジニア　小鑓貞嘉様)受賞
2017 Inductee Historic Car: "Toyota Land Cruiser 40 Series", Mr. Sadayoshi Koyari, Chief Engineer, CV Product Planning, TOYOTA MOTOR CORPORATION.

2017歴史遺産車「プリンス スカイライン GT」殿堂入り(日産自動車株式会社　グローバルブランドエンゲージメント部　中山竜二様)受賞
2017 Inductee Historic Car: "Prince Skyline GT", Mr. Ryuji Nakayama, Global Brand Engagement Dept., NISSAN MOTOR CO., LTD.

2017歴史遺産車「スバル1000」殿堂入り(株式会社SUBARU　広報部　主査　清田勝紀様)受賞
2017 Inductee Historic Car: "Subaru 1000", Mr. Katsunori Kiyota, Manager, Corporate Communications Dept., SUBARU CORPORATION

2017日本自動車殿堂　歴史遺産車受賞の方々
2017 JAHFA Inductee Historic Car

2017～2018　日本自動車殿堂　イヤー賞「選考結果報告」
理事、選考委員会委員長　藤本彰
2017–2018 Japan Automotive Hall of Fame Year Awards selection process report,
Mr. Akira Fujimoto, Chairman, Selection Committee

2017～2018　日本自動車殿堂　カーオブザイヤー表彰
（右「ホンダ N-BOX」株式会社本田技術研究所　開発責任者　白土清成様、左は理事　藤本彰）
2017–2018 JAHFA Car of the Year ceremony, The award winner Mr. Kiyonari Sirato (Development manager, Honda R&D Co., Ltd.) (right) and Mr. Akira Fujimoto (Chairman, Selection Committee) (left)

2017～2018　日本自動車殿堂　インポートカーオブザイヤー表彰
（右「ボルボ S90/V90/V90CrossCountry」ボルボ・カー・ジャパン株式会社　代表取締役社長　木村隆之様、左は理事　藤本彰）
2017–2018 JAHFA Import Car of the Year ceremony, The award winner Mr. Takayuki Kimura (the President, Volvo Car Japan Limited (right) and Mr. Akira Fujimoto (Chairman, Selection Committee) (left)

2017～2018　日本自動車殿堂　デザインオブザイヤー表彰
（右「LEXUS LC500」レクサスLC　プロジェクトチーフデザイナー　森忠雄様、左は理事、選考委員会主幹　寺本健）
2017–2018 JAHFA Design of the Year ceremony The award winner, Mr. Tadao Mori, LEXUS LC Project Chief designer, TOYOTA MOTOR CORPORATION (right), and Mr. Ken Teramoto, Vice Chairman, Selection Committee (left)

2017～2018　日本自動車殿堂テクノロジーオブザイヤー表彰
（右「日産 リーフ 搭載技術」、JAHFA山田国光事務局主幹代理受賞、左は理事、選考委員会主幹　寺本健）
2017–2018 JAHFA Technology of the Year ceremony. Proxy Mr. Kunimitsu Yamada (Chief Secretariat JAHFA) (right), and Mr. Ken Teramoto, Vice Chairman Selection Committee (left)

2017〜2018　日本自動車殿堂イヤー賞受賞の方々
Four annual JAHFA Awards given in the 2017–2018 season

2017日本自動車殿堂　「閉会挨拶」
理事　山本洋司
2017 Japan Automotive Hall of Fame
Closing Speech, Mr. Yoji Yamamoto, Director JAHFA

2017日本自動車殿堂　「懇親会開会挨拶」
名誉会長　小口泰平
2017 JAHFA Award Reception opening speech
President Emeritus JAHFA, Dr. Yasuhei Oguchi

2017日本自動車殿堂「乾杯」ご来賓
日本自動車殿堂者　(株)チームクニミツ代表取締役
高橋国光様
2017 JAHFA Award Reception Congratulatory speech and Kanpai
Mr. Kunimitsu Takahashi, JAHFA 2002 inductee, CEO TEAM KUNIMITSU Co., Ltd.

2017殿堂者　ご家族・ご関係者様　「花束贈呈」
Bouquet presentation to inductee's families

2017歴史遺産車受賞者「花束贈呈」
Bouquet presentation to Inductee Historic Car

2017〜2018日本自動車殿堂イヤー賞受賞者「花束贈呈」
Bouquet presentation to Year Award relations

2017日本自動車殿堂「懇親会中締」
監事　表彰式典主幹　浅野邦明
2017 JAHFA Award Reception Closing speech
Mr. Kuniaki Asano, Ceremonial Leader

NISSAN INTELLIGENT MOBILITY

NISSAN

SERENA e-POWER

電気の走りと自動運転技術を、ミニバンに。

家族史上、最高のおでかけしよう。

セレナ e-POWER新登場

メーカー希望小売価格 3,404,160円（消費税込み）	EM57 / HR12DE	主要諸元 全長 4770mm × 全幅 1740mm × 全高 1865mm
e-POWERは2,968,920円（消費税込み）から 左記価格の車両はe-POWER X（2WD）となります。プロパイロットは設定されておりません。		

Photo：セレナ e-POWER ハイウェイスター V（2WD）。ボディカラーはブリリアントホワイトパール（3P）/ダイヤモンドブラック（P）2トーン〈#XAM・スクラッチシールド〉（特別塗装色）。内装色はブラック〈G〉。セーフティパックB〔SRSカーテンエアバッグシステム&サイドエアバッグシステム〈前席〉+踏み間違い衝突防止アシスト（前進時車両・歩行者検知機能付）+インテリジェント パーキングアシスト（駐車支援システム）+標識検知機能（進入禁止標識検知、最高速度標識検知、一時停止標識検知）+インテリジェント アラウンドビューモニター（移動物 検知機能付）+インテリジェント DA（ふらつき警報）+フロント&バックソナー+インテリジェント ルームミラー+電動パーキングブレーキ+オートブレーキホールド+プロパイロット+インテリジェント LI（車線逸脱防止支援システム）+ヒーター付ドアミラー+ステアリングスイッチ（アドバンスドドライブアシストディスプレイ設定、プロパイロット、オーディオ）〕（243,000円）はメーカーオプション。◎スクラッチシールドはダイヤモンドブラック（P）塗装部位のみとなります。◎特別塗装色は75,600円高、寒冷地仕様は83,160円高となります。◎価格にはすべて消費税が含まれています。◎価格は販売会社が独自に決めておりますので、それぞれの販売会社にお問い合わせください。◎保険料、税金（除く消費税）、登録（届出）等に伴う諸費用、リサイクル料金は別途申し受けます。◎メーカー希望小売価格にはオプション代は含まれておりません。◎メーカー希望小売価格には標準工具が含まれます。◎日産車のお問い合わせ・ご相談は「お客さま相談室」0120-315-232（9:00-17:00）◎www.nissan.co.jp ◎お問い合わせ・ご相談内容につきましては、お客さま対応や品質向上のために記録し活用させていただいております。なお、当社における個人情報の取り扱いに関する詳細は、「日産自動車ホームページ」に掲載しております。地球のためにひとりひとりの思いやり。エコドライブを心がけましょう。

〈e-POWER車の場合〉ミニバンクラス No.1[*1] 低燃費　JC08モード 燃料消費率（国土交通省審査値）26.2km/L[*2]

*1 全高1.8m以上の1.2~2.0Lクラス 7/8人乗りミニバン（2018年2月現在 日産調べ）。*2 燃料消費率は定められた試験条件での値です。お客さまの使用環境（気象、渋滞等）や運転方法（急発進、エアコン使用等）、整備状況（タイヤの空気圧等）に応じて値は異なります。セレナ e-POWER ハイウェイスター V（2WD）はオプション装着により車両重量が1770kg以上となった場合、燃料消費率は24.8km/Lとなります。

SUBARU
Confidence in Motion
見せたい景色が、ある。
感じてほしい気持ちが、ある。
だから、もっと冒険しよう。
もっと、遠くへ。
もっと、家族と。
NEW
FORESTER

開館
40
周年
SINCE 1978
自動車博物館
石川県小松市
2018年10月
日本自動車博物館は、
開館40周年を迎えました。
これからも「クルマの展示」や
さまざまな企画を通して、
日本の自動車産業ならびに、
文化の発展に貢献致します。
乗用車・三輪車・トラックなどなど、国内外で親しまれた大衆車から名車の数々
日本最大級がここにある。
二千平方メートルの広大なスペースにギッシリ常時約五百台の車両を展示
@kurupaku
twitter.com/kurupaku
@kurupaku4343
www.instagram.com/kurupaku4343/
http://ameblo.jp/kurupaku-mmj/
https://www.facebook.com/kurupaku
https://www.facebook.com/car.museum
石川県小松市の現在　2018年10月

8年10月 富山県小矢部市で開館

日本自動車博物館
Motorcar Museum of Japan
http://mmj-car.com/

こまつ

〒923-0345 石川県小松市二ツ梨町一貫山40番地 TEL. 0761-43-4343
posto.jp
旅の想い出に特別な1枚を。
スマホで撮った写真をポストカードに。
http://mmj-car.com/2017/08/09/posto-jp/

2019年 開館30周年に向けて

ANNEX クルマ文化資料館 オープン（2019年4月予定）

トヨタ博物館では、1989年の開館以降、自動車（実車）だけでなく“人とクルマ”というテーマでも資料の収集、調査を行って参りました。クルマの文化資料は、錦絵、ポスター、カーバッジ、カーマスコット、ブリキ玩具、ミニチュアカー、プラスチックモデルキット、自動車切手など多岐にわたり、その数は1万5千点を超え、カタログ、書籍、雑誌は18万5千点所蔵しています。

2019年4月より、これらクルマ文化資料6千点以上を常設展示し、公開致します。多種多様なクルマに関わる資料を見て頂くことで、本館とは違った角度からクルマを見ることができ、また文化資料を見ることにより自動車（実車）の新たな面を発見できるかもしれません。

これまで以上に、クルマに興味を持ち、楽しんでいただくきっかけを提供できると考えておりますので、ご期待ください。

2018
JAHFA
JAPAN AUTOMOTIVE HALL OF FAME
論文
Technological Papers

小型電気自動車におけるシャシー制御と外界情報フィードバックによるコーナリング限界の性能向上

Performance Improvement in Critical Cornering by Synchronization of Chassis Control and External Information Feedback

野崎　博路*　　山口　亮**
Hiromichi Nozaki　　Ryo Yamaguchi

自動運転が近い将来の実用化が期待されている．一方，運転する楽しみも重要であり，これらが自由にスイッチで切り替えられる方向が望ましいと考えられる．いずれにせよ，共に交通事故0を目指した開発が望まれる．そこで，運転する楽しみと走行安全性を高次元に両立させる手法として，小型電気自動車を製作して，シャシー制御と外界情報フィードバックによる，コーナリング限界での性能向上について検討した．

The practical use of automatic driving in the near future is expected. On the other hand, it is thought that the direction where the driving pleasure is important, and these are freely changed by the switch is preferable. Anyway, development aims at both is hoped for traffic accidents 0.
Then, in the small sized electric vehicle, the performance improvement in the critical cornering by the synchronization of the chassis control and the external information feedback was examined.

1．はじめに

リチウム電池の小型・高性能化が実現されてきている今日，電気自動車の時代の到来が近づいてきているようである．電気自動車の時代の到来と共に，ハンドル角に対する車輪の操舵角の関係も機械的な結合に代わり電気信号に基づくモータによる操舵方式である“ステアバイワイヤ”が搭載されてきつつある．

更に，電気自動車においては，車両のスペース的な余裕が大きく，車輪のキャンバ角制御や内外輪の制駆動力制御の自由度が大きい．これらのシャシー制御により走行領域は大きく拡大すると考えられ，運転の楽しみと走行安全性は大きく向上できる．

一方，走行安全性の更なる向上には，近年目覚ましく性能向上している，外界センサによる情報フィードバックは，予測的コントロールでドライバの運転操作をより正確にアシストでき，走行安全性に大きく寄与できる．

そこで，本論文では，前報(参考文献1)に引き続き，以下の検討を行った．具体的には，小型電気自動車を製作し，コーナリング限界での操縦安定性向上を目的に，シャシー制御と外界情報フィードバックによる効果について検討した．

2．本研究の位置づけ

本研究の具体的な内容に入る前に，本研究の位置づけについて示す．

自動運転化が進む自動車の望ましい方向は下記と考えられる．

①運転を楽しむドライブモード(運転支援を含む)
②リラックスして快適空間を楽しむ自動運転モード

この2つのモードが，スイッチで切り換えられると，運転する喜びと，自動運転が共存が図れるからである．

そこで，本研究では，前者の①について，運転を楽しめ，かつ，運転支援で事故を防止する，いわゆる“半自動運転”のモードの検討として，シャシー制御と外界センサによるアシスト制御の望ましい連動について検討を行っている．

具体的なシャシー制御と外界センサによるアシスト制御の連動について，表1に示す．(注：内外輪制駆動力制御については，限界コーナリング性能自体を高める効果はキャンバ角制御の方がはるかに高いので［前報の参考文献1参照方］，本報では省略しているが検討は行っている．)

表1　シャシー制御と外界センサによるアシスト制御の連動

	コントロール手段		主な性能向上	主な効果
シャシー制御	a).ステアリング系のコントロール	ステアバイワイヤ(微分操舵アシスト組込)	•カウンターステアの遅れをカバー	◎運転の楽しさの向上 ◎走破性の拡大による走行安全性の向上
	b).サスペンション系のコントロール	キャンバ角制御	•限界コーナリング性能向上	
外界センサによるアシスト制御	c).外界センサによる操舵アシスト		•先読みコントロール	◎安全性の向上

*工学院大学工学部教授　**工学院大学大学院(現在 三菱自動車)

3．シャシー制御の効果の把握

3.1. 製作した小型電気自動車の概要

図１に示す小型電気自動車を製作して，シャシー制御として，大キャンバ角制御(±20°)，ステアバイワイヤ製作による微分操舵アシストの２つの制御の効果を確認した．

図１　製作したシャシー制御車両

3.2. キャンバ角制御の概要

大スリップ角すなわちタイヤのコーナリング限界付近における，キャンバ角が増加した時のタイヤの横力の増加について，図２(参考文献２)のような，実験結果がある．これは，旋回時の外輪の横力を示すが，コーナリング限界付近の大スリップ角領域においても，ネガティブキャンバ角により，横力が増加していることがわかる．

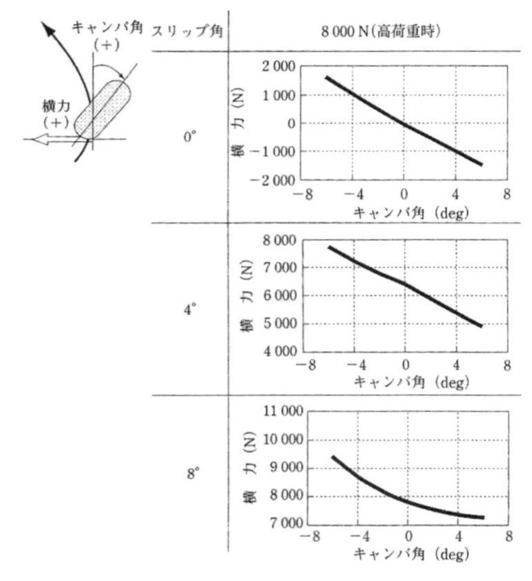

図２　大キャンバ角時のタイヤサイドフォース特性(実験値)

キャンバ角制御では，旋回中心方向にタイヤを傾ける対地ネガティブキャンバ角制御を行う．コーナリング限界を迎えてもキャンバスラスト効果により，コーナリング限界性能が向上する．図３は，モーターサイクル用のタイヤにて，キャンバ角を大きく変化させた時のタイヤサイドフォース特性(マジックフォーミュラによる計算値)を示している．製作したシャシー制御車両において，図４に示すように，前後輪のキャンバ角制御を含めたサスペンションは，ユニット化して種々のサスペンションの試験への対応を容易な構造とした．本実験で用いたキャンバ角制御の作動装置を図５に示す．操舵角に対するキャンバ角の関係特性は，図６のように設定した．

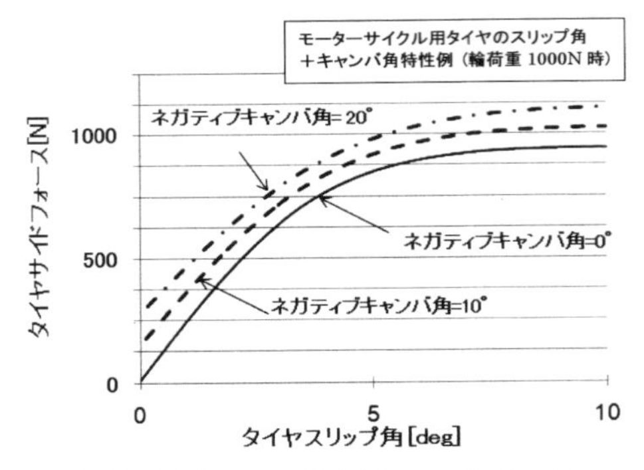

図３　タイヤサイドフォース特性(キャンバ角変化時)
(マジックフォーミュラによる計算値)

図４　キャンバ角制御ユニット(前輪例)

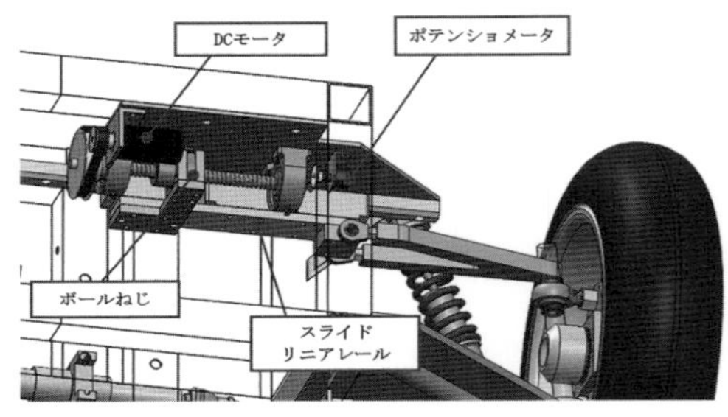

(a)キャンバ角制御メカニズム

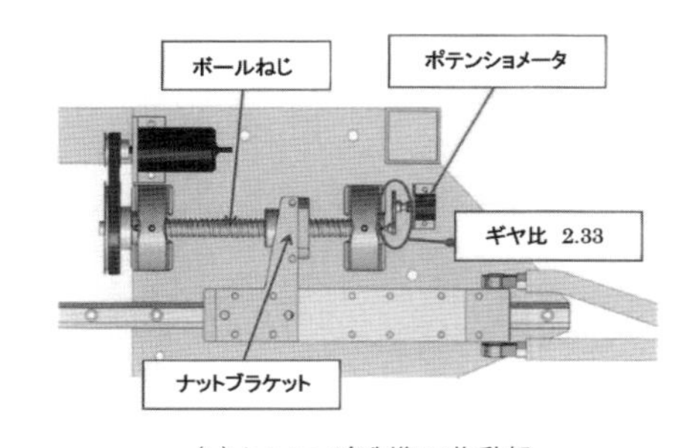

(b)キャンバ角制御の作動部

図５　キャンバ角制御の作動装置

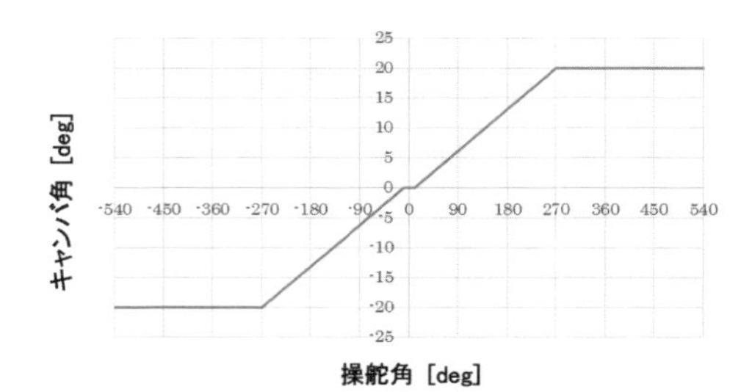

図６　操舵角～キャンバ角の関係特性

3.3. 微分操舵アシストの概要

ステアリング系は，図7に示す，ステアバイワイヤシステムを製作して装着している．

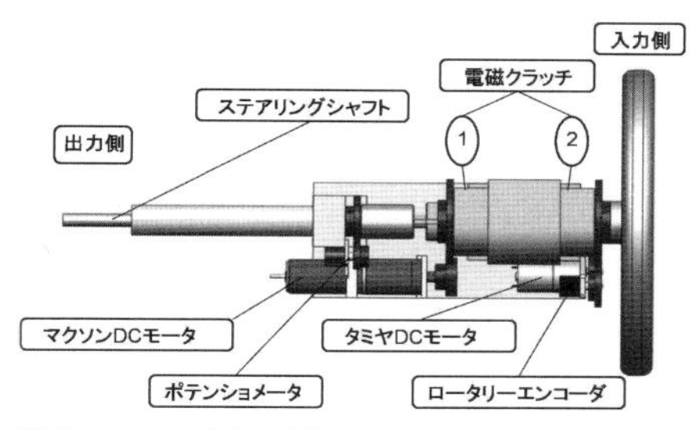

図7　ステアバイワイヤシステム

微分操舵アシスト制御は，式(1)に示すとおり，ドライバは自ら操舵した値よりも操舵角速度に比例した値分，前輪実舵角の位相が早くなり，ステアリング操作の容易さ，操縦安定性の向上を図る．特に，後輪がグリップを失って，スピンになりかけた場合に，早いカウンターステアが必要となるが，この操作にも極めて有効となることがわかる．本実験で用いたプログラムのブロック線図を図8に示す．$P = 0.07$の微分操舵アシストを加える制御を行った．

$$\delta_f = \delta_H / N + P \cdot \dot{\delta}_H \qquad \cdots(1)$$

δ_f：前輪実舵角，δ_H：操舵角，$\dot{\delta}_H$：操舵角速度，
N：ステアリングギヤ比，
P：微分操舵アシスト定数

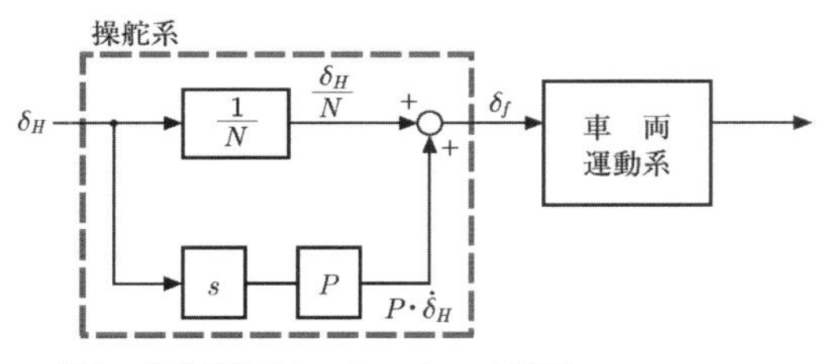

図8　微分操舵アシストのブロック線図

4．実験方法および実験結果

4.1. 実験方法

図9に示すように，スラローム走行試験とJターン走行試験を行った．被験者は，車速は，25km/hを維持して走行した．走行実験の様子を図10に示す．

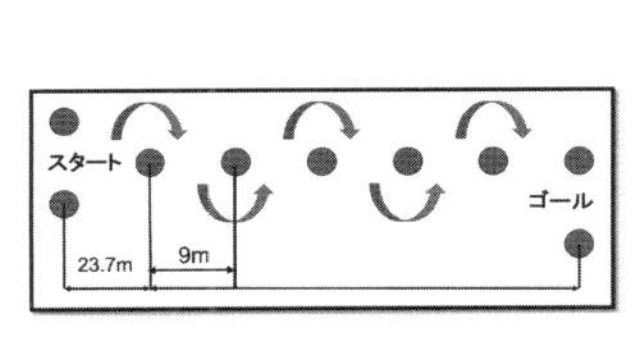

(a)スラローム走行試験コース

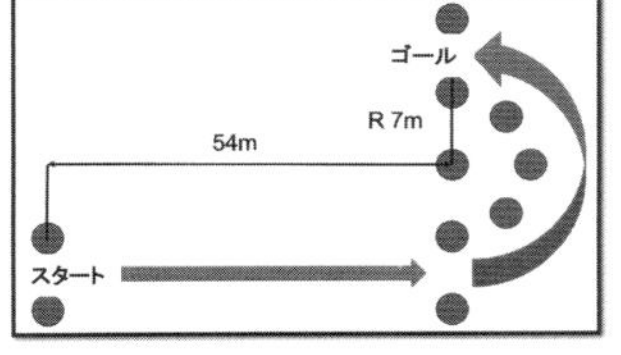

(b) Jターン走行試験コース

図9　走行試験コース

図10
走行実験の様子

4.2. キャンバ角制御の実験結果

図11は，スラローム走行試験時における前輪キャンバ角制御における操舵角の時系列波形を示す．この実験結果より，旋回方向に前輪ネガティブキャンバ角制御されることにより，コーナリング限界における操舵角をより小さくても，舵の効きが良いのでうまくコントロールできていることがわかった．また，図12より，Jターン走行試験時も同様に，舵の効きが良いのでコーナリング限界において，より小さい操舵角でコントロールできていることがわかった．

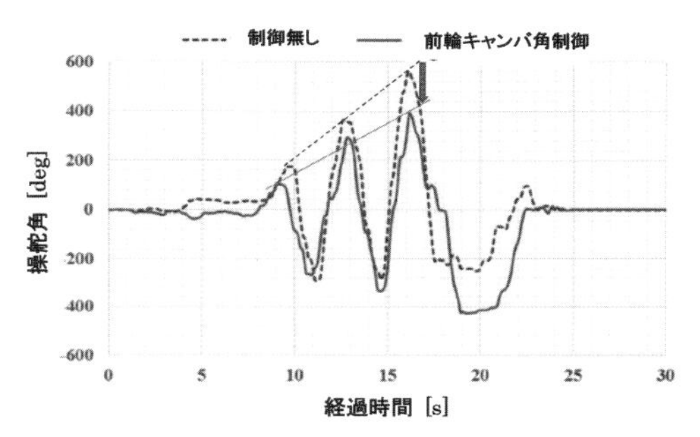

図11　前輪キャンバ角制御における操舵角の時系列波形
（スラローム走行試験時）

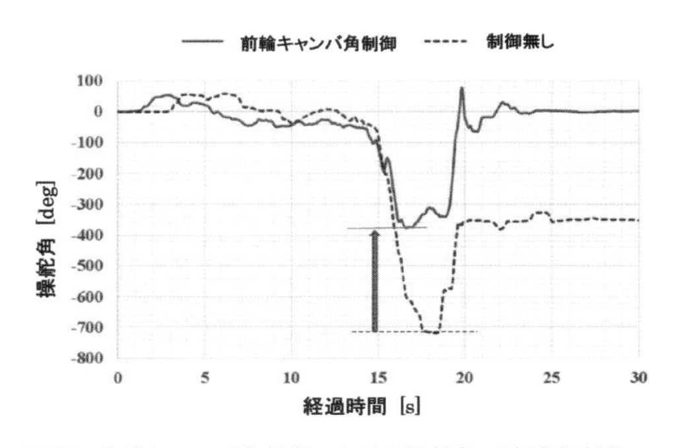

図12　前輪キャンバ角制御における操舵角の時系列波形
（Jターン走行試験時）

図13は，Jターン走行試験時における4輪キャンバ角制御における操舵角の時系列波形を示す．この実験結果より，旋回方向に4輪ネガティブキャンバ角制御されることにより，舵の効きが良いのでコーナリング限界において，より小さい操舵角でコントロールでき，更に，後輪の横滑りも抑えられて前後輪のバランスが良くコントロールできていることがわかった．

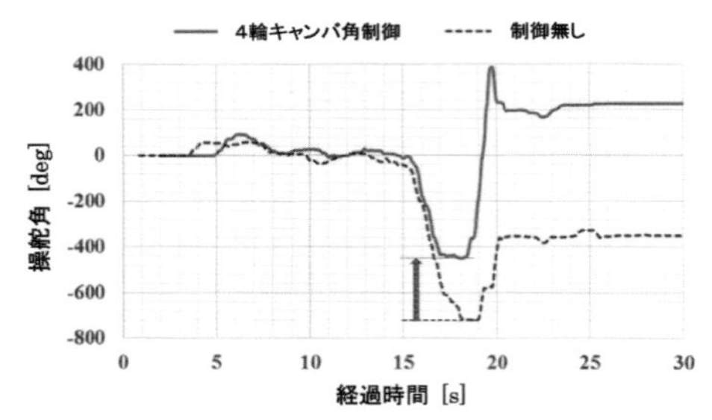

図13　４輪キャンバ角制御における操舵角の時系列波形（Ｊターン走行試験時）

4.3.　微分操舵アシスト制御の実験結果

図14は，スラローム走行試験時における微分操舵アシスト制御における操舵角のヨーレイトの時系列波形を示す．操舵フィーリングにおいて，コーナリング限界における操舵に対する前輪の応答レスポンスが高まり，クイックな舵の効きが得られており，実験結果でも，図14に示すように，ヨーレイトの応答性が向上し，限界コーナリングにおける性能向上を確認できた．

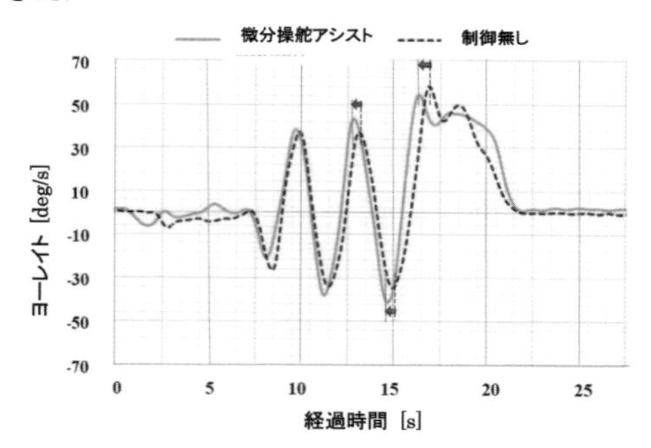

図14　微分操舵アシスト制御におけるヨーレイトの時系列波形（スラローム走行試験時）

5．外界センサを用いた操舵アシスト効果の確認実験

図15は，外界センサによる操舵アシストの走行実験（模型車両）の概要を示す．外界センサによる操舵アシストの実験において，手動操舵50％，外界センサによる操舵アシスト50％にて行っている．被験者は，車速は，70cm/sを維持して走行した．

(a)遠隔操作の模型車両

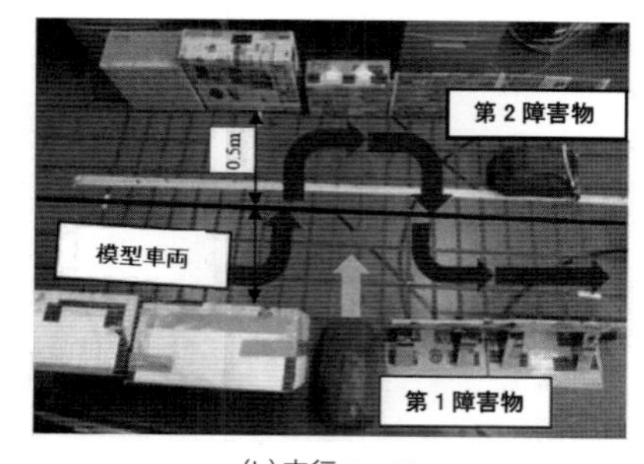

(b)走行コース

図15　外界センサによる操舵アシストの走行実験（模型車両）

図16は，外界センサによる操舵アシストの走行実験（模型車両）の結果を示す．この結果より，外界センサによる操舵アシストにより，先読みコントロールされ，車両のヨーレイトの応答が早まっていることがわかった．

また，図17に示すように，前頁の図１に示す小型電気自動車に外界センサを組込み，実車においてその効果を把握している．

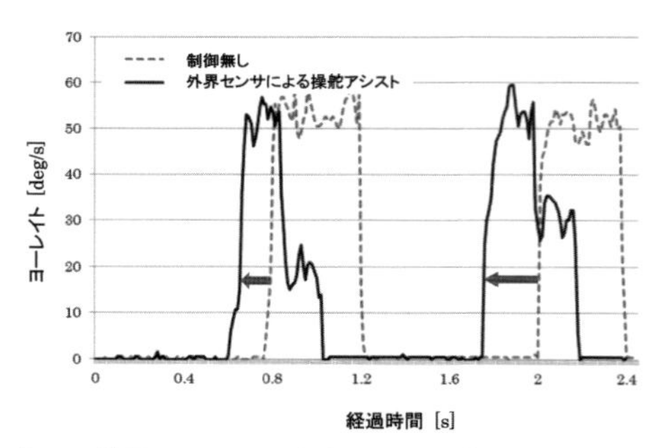

図16　外界センサによる操舵アシスト効果の確認実験結果

図17　製作した小型電気自動車（シャシーテストカー）

6．おわりに

実際の走行実験から，シャシー制御によるコーナリング限界領域での操縦安定性の向上を確認できた．更に，外界情報フィードバックによる操舵アシストにより人間の反応の遅れを改善し，安全性の向上が確認できた．以上より，実際の走行実験から，シャシー制御と外界情報フィードバックによる操舵アシストにより，コーナリング限界を高め，安全性と運転する楽しさの更なる向上の実現が可能となることがわかった．

電気自動車の時代に対応し，今後，より一層新しい走行安定性の技術が発展し，交通事故を抑制に寄与していくことが望まれる．

参考文献

1　野崎博路，山口亮，吉野貴彦：外界情報フィードバックとシャシー制御の連動によるコーナリング限界での運転支援システムの考察，JAHFA（JAPAN AUTOMOTIVE HALL OF FAME），No.17，2017年，pp.93-96

2　小林弘，大山鋼造，金島政弥：実走行時のタイヤ接地特性計測，自動車技術，vol.65，No.7，2011年，pp.75-80

3　野崎博路，自動車の限界コーナリングと制御，東京電機大学出版局，2015.

時代背景を読み価値を創造するカーデザイン

Car design to create value reads the historical background

名古屋芸術大学　客員教授
木村 徹
Toru Kimura

はじめに

カーデザインは、時代背景の変化に伴う技術革新とともに進化して来た。ここでは私が在籍していたトヨタの例をあげながらデザインの創造性と常にチャレンジして来た経過と考え方について歴史を追いながら述べる。

1980年代は、排気ガス対応や高度な安全基準への対応が一段落し、今まで止まっていた新しい車種開発に拍車がかかった。また、世の中のハイソカーブームに乗って日本の自動車も徐々に高級車志向へと変化してゆく。社会の高度成長とともに車種体系は急激に増加し、会社全体が仕事の山で、振り返る余裕すらなかった。もちろん、デザイナーたちの仕事の量も急激に増加した。1989年には、従来のブランドだけではカスタマーの要求に応えられなくなり、より高性能な価値を持つレクサスブランドが誕生した。これに伴いデザインの表現力も、「造形力」プラス「カスタマーの求める感性価値の魅力の追求」と「表現の研究」にも力が注がれた。トヨタブランドにおいてもグローバルコアの一貫性を持たせながら、各地域に密着したモノづくりのための基本理念を構築した。世界に勝る商品開発を目指すためにも「日本独創」と言うキーワードのもと、単なる物質的豊かさの表現から、人間の内面に踏み込んだ付加価値を追求していった。

以後は私が入社してから歩んだ道を、開発車種の例を通し、実際に経験した内容を述べながらトヨタデザインの変遷を振り返ってみる。

常に学びの時代

1973年トヨタ自動車工業(現トヨタ自動車)に入社し、外形デザインに配属された。入社と同時に第1次オイルショックでクルマは買ったものの、ガソリンが手に入らず会社の寮に置いたまま動かすこともできなかった。

最初の仕事が、P-1と呼ばれたプロジェクトである。今で言うソアラの原型である。この車種のターゲットカスタマーは、普段、会社で高級車に乗り慣れている役員の方々がプライベートで乗るためのパーソナルラグシャリーカーである。クルマに関しては、深い知見をもち、文化的素養も幅広いエグゼクティブのためのクルマだった。このクルマのデザインモデルが完成し外形線図(エクステリア4面デザイン図面)がスタートするかしないかのタイミングでオイルショックが起こり、プロジェクトは、即ストップすることになった。私は、ただのサポート役で、クルマの周りをウロウロしていただけだったように記憶しているが、トヨタと言う会社の時代背景を読む力は半端ではないと、この時知らされた。会社さえ来ていれば、何もしなくていいからじっとしてろ。今思えば、余計なお金は使うなと言う事だったようだ。その辺の掃除でもしてなさい。新入社員にできることと言えばそんなことぐらいかもしれないが、この徹底ぶりはすごかった。しかし、1年もしない内に、マークⅡと言うクルマのフルモデルチェンジの話が持ち上がり、即日、プロジェクトがスタートした。止めるのも早いが、始めるのも早い。この会社は、助走という考え方はない、オンかオフかのどちらかしかない。そんなことを学ばされた。

このプロジェクトでは、中止になったP-1プロジェクトのデザインテーマを使うことになった。長く、幅広く、背が低い、全長、全幅、全高を持つ豊かなプロポーションを、この実用高級車に当てはめるのは並大抵の技術では成功しない。

図1　私が描いたフルサイズレンダリング

図2　当時の図面作業の現場

P-1のオリジナルアイデアを出した大先輩ですら大変苦労をしていた。効率を追求するとは聞いていたが、いいアイデアは、使えるうちは何でも使う。すごい会社だとまた感心させられ、私も見よう見まねで、P-1のデザインテーマをベースにフルサイズレンダリングを描いた。

当時は、アメリカのアートセンターから帰った先輩たちが、フローマスターインクという画材を使って描くレンダリングが社内でも流行していた。いいチャンスとばかりに、フルサイズで挑戦してみた。右も左も分からない新人が、「カースタイリング」というデザイン雑誌を片手に、見よう見まねで取り掛かった。誰かに止められるかとヒヤヒヤしながら描き始めたが、不思議なことに誰も止める人はいなかった。ここぞとばかりに調子に乗って、インクで意気揚々と描き出した。当時のインクは、シンナーが溶液で、描き進むにしたがって段々気持ちが良くなってくる。デザイン室の中で描いているために、作業場一面にシンナーが充満するようになり、さすがに隣で仕事をしていた仲間からも苦情が来る。しかしめげずに2、3枚は描いた。これはいい勉強になった。コンピュータの出現で、もうフルサイズレンダなど描く必要がなくなった。ここでは述べないが、この時の経験が今後の仕事に大きく影響をすることになる。デザインの基本形状が完成すると今度は外形線図作業で、約1ヵ月間、原図台の上で4面図を数名で描く、私の担当はリヤエンドのデザインである。

鉛筆をマイナスドライバーの先端のように尖らせ、1ミリの中に10本の線くらいは描けなければいけない。これが最初はなかなか難しい。新人は先輩方に鉛筆の芯を削って渡す役目である。芯研器でひたすらホールダーの芯を削る。削り方が悪いと叱られてやり直しである。先輩デザイナー達は、図面作業に追われイライラしているから、丁寧に指導をしている暇がない。こっぴどく叱られる。罵声を浴びせられるだけ。それでも我慢しながら削りつづけた。おかげさまで、芯削りは自信がついた。私の担当はリヤエンドとリヤコンビ、この部分は面が微妙にねじれ、線が重なり1ミリの中で線が何本もクロスするために非常に複雑な図面になっている。原図台の上でマイラー図面に顔を近づけて線を探していると、居眠りでもしている様に見えるのだろうか、目を覚ます様にと檄が飛ぶ。起きてるのだが、徹夜がしばらく続くと目も頭も朦朧として、意識が徐々に薄らいでしまう。平面図で拾ったWの点を背面図に持って行き、Hの点を拾って側面図に持って行く、Lの点を拾って平面に置く。これが、右向いて置いていいのか、左向いて置いていいのか、徹夜の明け方になると、全く分からなくなり、原図台の上を無意味に移動しているだけになる。

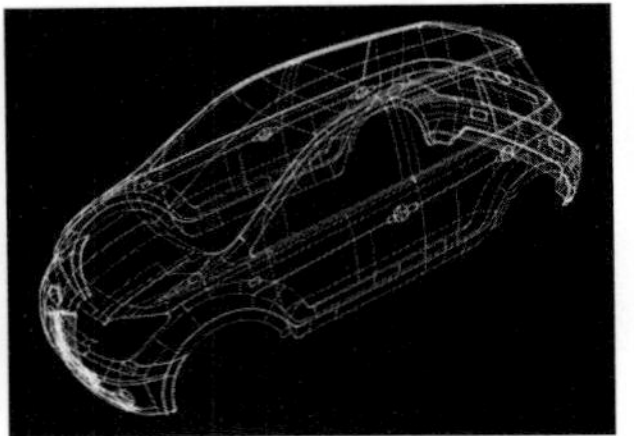

図3　CAD作業と3Dデーター

その内、原図台から足を滑らせて転落する。原図台の高さは500mmほどなので大した事はない。しかし、角で足を打つこともある。痛さは今更言うまでもない。それで目が覚め、また描き出す。芯研器をひっくり返せば、原図台の上は鉛筆の削り粉で真っ黒になってしまう。せっかく描いた上にこぼそうものなら悲劇で、一つ間違うと最初から描き直しとなる。暑いさなか、クーラーもさほど効かず、窓を開けると虫は飛んでくる、汗がマイラー図面の上に落ちると大変なことになる。苦労して描いた鉛筆の線が簡単に消えてしまうからだ。また描き直し、気が遠くなってしまう。私は、クルマのデザインをするために会社に入ったので、原図台の上で作業をするために来たのではない、と何度も会社を辞めようと思った。

しかしそれより以前から、会社は当然この重労働を理解しており、当時から機械化の準備を進めていた。私の場合は、これが最後の手描き原図作業になった。今では快適な環境で、コンピュータを操作しながらオペレーター達が描き上げてゆく。何という違いだろう。

この3Dの面作りの図面を描くためのソフトも、我々の手描きの手順をベースに作られ、サーフェーサ造形には欠かせないものになっている。

外板原図の出図が終わると、今度は部品の図面である。私の担当はリヤコンビネーションランプの図面である。

設計者と取り付けのビスの大きさを交渉しながら、もっとリム幅を狭くできないか、何度も打ち合わせをしながら形を

図4　マイナーチェンジされたリヤコンビネーションランプ

決めてゆく、新人には辛い作業であった。図4は、私がデザインしたリヤコンビで外周のリム部を残してマイナーチェンジされたものだ。

そして、今度は、マークの図面、これがまた一本一本の線を吟味しながらコンマ単位の作業を繰り返す。全長5mを超える大きな自動車のやることとは思えないような繊細な仕事である。この「grande（グランデ）」マーク、図面を描いて上司のところに持って行く、この先端の太さの変化は不自然だ。そこを直して再度持って行く、最後の「e」の丸さがおかしい。苦労しながら修正して持って行く、「a」と「d」の間隔が空きすぎだ……と順番に指摘される。一度に言って欲しいところうだがそうも言えず、ひたすら言われるがままに修正する。いつまで続くのかも分からず、1日何回も持って行く。初めてのレタリングで、かなりひどかったのだろう、それでも、じっと我慢の子で何回修正したか覚えていないほど作業を繰り返した。

おかげで、それ以後は、文字のバランスや曲線を吟味し、太さの変化をバランスよく流れるように造形する職人技を覚えた。今でもそれは体が覚えている。ありがたいことだ。今なら、そんなに根気よく教えてくれる人などいないかもしれない。

外板の出図が終わってしばらくすると工場から連絡が来る。リヤフェンダーの金型が出来たがハイライトが綺麗に見えないらしく確認要請である。やはりおかしい。ヤスリで金型を削ってハイライトを調整し、スムーズになる様にする。反対側とは面が異なるがフューエルキャップがあるから一緒にはならないと説明を受ける。現場の担当者においても品質に関しての責任感は強く、問題のあるものは後工程には渡さない。まさにトヨタ生産方式の真髄を肌で感じた経験だった。今の様なコンピュータ時代では、金型をデザイナーが削るなどあり得ないことだ。設変（設計変更の略）書一枚で図面を描き直し、それで話は終了する。金型修正代は必要だが。

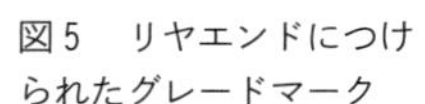

図5　リヤエンドにつけられたグレードマーク

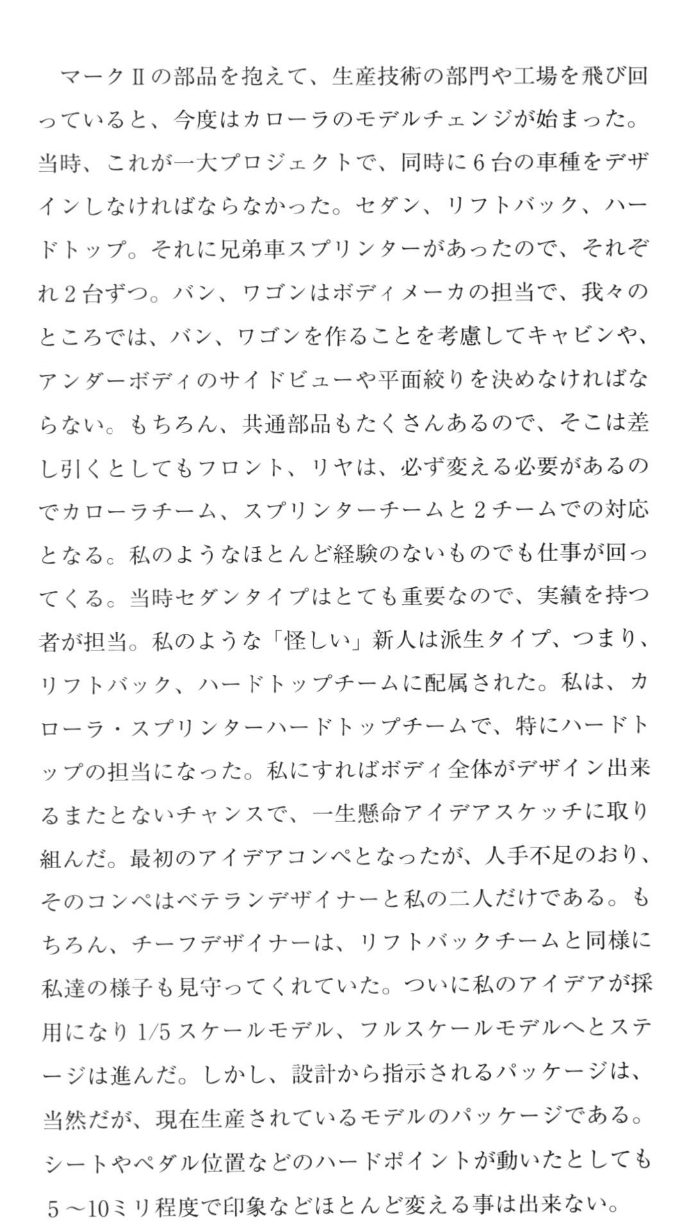

マークⅡの部品を抱えて、生産技術の部門や工場を飛び回っていると、今度はカローラのモデルチェンジが始まった。当時、これが一大プロジェクトで、同時に6台の車種をデザインしなければならなかった。セダン、リフトバック、ハードトップ。それに兄弟車スプリンターがあったので、それぞれ2台ずつ。バン、ワゴンはボディメーカの担当で、我々のところでは、バン、ワゴンを作ることを考慮してキャビンや、アンダーボディのサイドビューや平面絞りを決めなければならない。もちろん、共通部品もたくさんあるので、そこは差し引くとしてもフロント、リヤは、必ず変える必要があるのでカローラチーム、スプリンターチームと2チームでの対応となる。私のようなほとんど経験のないものでも仕事が回ってくる。当時セダンタイプはとても重要なので、実績を持つ者が担当。私のような「怪しい」新人は派生タイプ、つまり、リフトバック、ハードトップチームに配属された。私は、カローラ・スプリンターハードトップチームで、特にハードトップの担当になった。私にすればボディ全体がデザイン出来るまたとないチャンスで、一生懸命アイデアスケッチに取り組んだ。最初のアイデアコンペとなったが、人手不足のおり、そのコンペはベテランデザイナーと私の二人だけである。もちろん、チーフデザイナーは、リフトバックチームと同様に私達の様子も見守ってくれていた。ついに私のアイデアが採用になり1/5スケールモデル、フルスケールモデルへとステージは進んだ。しかし、設計から指示されるパッケージは、当然だが、現在生産されているモデルのパッケージである。シートやペダル位置などのハードポイントが動いたとしても5～10ミリ程度で印象などほとんど変える事は出来ない。

私の作業場所は通路の横にあり、お昼休みなど食堂に行く先輩デザイナー達は、必ずそこを通って行くので作業の様子が目に入る。口々に、アドバイスを発しながら通り過ぎる。しかし誰も助けてくれない。そして課長の検討会が始まる。当時の課長は、今の部長のようなもので雲の上の人。ほとんど口など聞いてくれないし、恐ろしいイメージしか無かった。課長から、最初からやり直す様に指示が出た。予想通りの結論だった。スケジュールの予定日時は、使い果たしているし、最初からやり直す事などできない段階である。そうは言っても、このままでは前に進めない。気合いを入れ直してアイデ

図6　カローラH/Tオリジナルスケッチ

アスケッチを始める。もはや見せるための絵ではなく一眼で違いのわかるアイデアが出ていなければならない。トレーシングペーパーに色鉛筆と黒いマーカのみで何枚も描いた。

このスケッチをベテランのクレーモデラーが、全長、全幅、全高だけ守って、あとは可能な限りスケッチに忠実に再現してくれた。素晴らしいモデルが完成した。

1/10で4面図を描いたために、その精度はほとんどなく、イメージ先行のモノであった。最もパッケージからずれていたのがフロントウインドーの傾斜角である。27度と言う、一般的な市販車では当時はなかった傾斜角度である。設計の課長から修正の指示が出され、対応してくれたのが、デザイン担当の課長だ。29度まで戻すことになり早速修正した。理由は、27度という角度だと、フロントウインドーに室内が写って前が見えなくなる。つまり運転出来ない。前が見えなくて運転出来ないクルマなど、トヨタ自動車が出せるわけがない。当たり前である。

29度は、以前、キャルティーデザインが担当したセリカがその角度で出来ていたので、設計者としては、実績があるのでなんとかなる。そう踏んだのだろう。デザイン審査は、すんなり通過し、そして、「美しくなければ車ではない」と言うキャッチコピーで、エーゲ海を背景にデビューし、圧倒的な人気で、従来のハードトップのイメージを変えた。米国でもハッチバックは車室内が外から見え、荷物が盗難にあうと言う理由からノッチバックのハードトップが好まれた。

自動車のパッケージは、モデルチェンジのサイクルを4年とすると、4年後に発売されるクルマを作るのに4年も前のパッケージでデザインする。発売する時を考えると、8年も前のパッケージと言う事になる。そんなものが通用する訳が無い、とその時思い知り、会社の中でも誰か新しい提案を、多少無茶をしても突破してくれる「ヤンチャ」はいないか、暗黙のうちに待っているのではないかと感じた。これに気を良くし、あまり設計要件のみにとらわれなくなり、それ以来、あえて、パッケージを外してでも、みんなが欲しいと言って

図7　カローラ・スプリンターハードトップ

くれるようなものをデザインしよう。そう決めた。

その後は、ますます調子に乗って、アメリカに行って腕試しをしたいなどと思い出した。今の野球選手の「大リーグで戦いたい」と言う気持ちと同じようなものだ。幸いトヨタには、キャルティーデザインリサーチというデザイン研究所がカリフォルニアはニューポートビーチに、私が入社した1973年に設立されていた。

おわりに

以上が、私がトヨタ自動車に入社して体験したことや、それらを通して学んだこと、感じたことの概要である。新人の時は、苦労は買ってでもしろ、と昔の人たちは言っていた。その意味がよくわかる若手時代の経験だった。その苦労は経験を積むに従って、光を放つ様になることも知った。私は、若い時はじっと我慢も必要な時があることを学んで欲しいと、最近強く感じるのである。

（写真提供トヨタ自動車）

図8　キャルティーデザインリサーチにてチーフデザイナーと

TOYOTA

トヨタ自動車株式会社
代表取締役社長 豊田章男

HONDA

本田技研工業株式会社
代表取締役社長 八郷隆弘

スズキ株式会社
代表取締役社長 鈴木俊宏

NISSAN

日産自動車株式会社
社長兼最高経営責任者(CEO) 西川廣人

マツダ株式会社
代表取締役 社長兼CEO 丸本 明

三菱自動車工業株式会社

取締役 CEO（代表取締役）　益子　修

ダイハツ工業株式会社

代表取締役社長　奥平総一郎

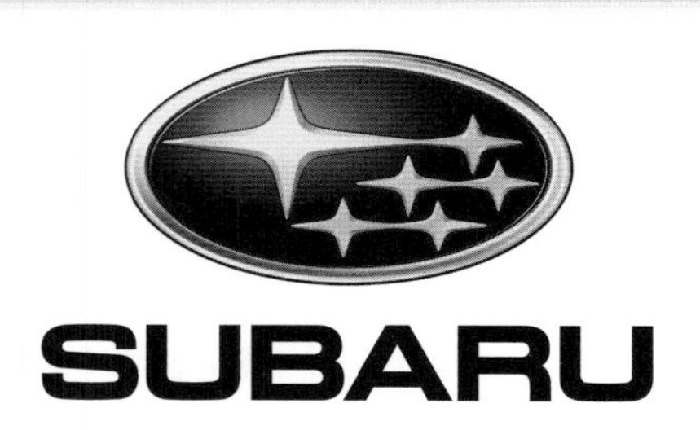

株式会社 SUBARU

代表取締役社長　中村知美

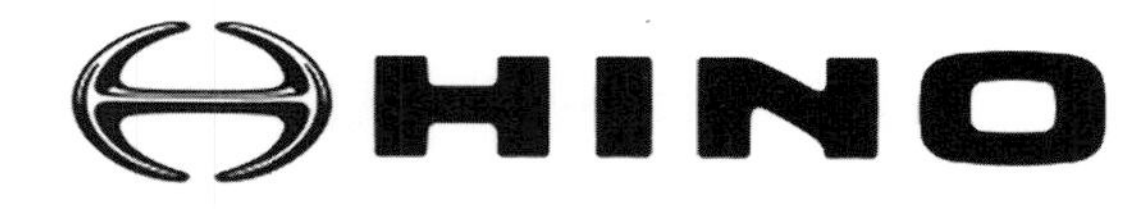

日野自動車株式会社

代表取締役社長 最高経営責任者　下　義生

株式会社ヤナセ

代表取締役社長執行役員　吉田多孝

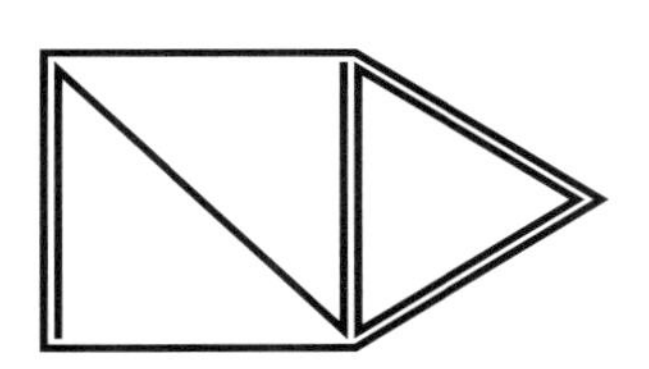

株式会社日本デザインセンター
代表取締役社長　原　研哉

大和管機工業株式会社
代表取締役社長　大竹克宜

株式会社ウッディ
代表取締役社長　小林　攻

株式会社日刊工業新聞社
代表取締役社長　井水治博

公益財団法人
国際交通安全学会
会　長　武内和彦

学校法人
芝浦工業大学
理事長　五十嵐久也

全日本ダットサン会
All Japan Datsun Federation

全日本ダットサン会
会　長　佐々木徳治郎

特定非営利活動法人

日本自動車殿堂　協力企業等

特定非営利活動法人・日本自動車殿堂の学士会館における
2018殿堂者・歴史遺産車・イヤー賞の表彰式典、懇親会および
機関誌2018『JAHFA No.18』の刊行については
下記の企業等のご協力により実現致しました。

トヨタ自動車株式会社
本田技研工業株式会社
スズキ株式会社
日産自動車株式会社
マツダ株式会社
三菱自動車工業株式会社
ダイハツ工業株式会社
株式会社SUBARU
日野自動車株式会社
株式会社ヤナセ
株式会社ブリヂストン
株式会社日本デザインセンター
大和管機工業株式会社
株式会社ウッデイ
株式会社日刊工業新聞社
公益財団法人国際交通安全学会
学校法人芝浦工業大学
全日本ダットサン会
日本自動車博物館
トヨタ博物館

（順不同・敬称略）

名誉会長
小口　泰平(Yasuhei Oguchi)
芝浦工業大学名誉学長　名誉教授　工学博士　国際交通安全学会特別顧問
〈専門〉自動車工学　マンマシンシステム
〈経歴〉東京大学生産技術研究所研究員　学校法人芝浦工業大学常務理事　芝浦工業大学システム工学部長
同大学先端工学研究機構長　同大学学長

顧問
佐々木　正峰(Masamine Sasaki)
独立行政法人国立科学博物館　顧問　元館長
〈経歴〉東京大学法学部卒業　文部省大学学術局　文化庁著作権課　文部省教育助成局
同省学術国際局研究機関課長　同省高等教育局私学部長　同省体育局長　同省高等教育局長　文化庁長官

顧問
井口　雅一(Masakazu Iguchi)
東京大学名誉教授　元宇宙開発委員会委員長　工学博士
〈専門〉工学(交通システム　車両工学)
〈経歴〉東京大学大学院博士課程修了　東京大学工学部教授
日本学術会議会員　日本機械学会会長　日本自動車研究所所長・理事

顧問
江崎　玲於奈(Leo Esaki)
日本学士院会員　米国科学アカデミー・米国工学アカデミー各外国会員　芝浦工業大学名誉学長　理学博士
ノーベル物理学賞受賞
〈専門〉物理学(個体物理学　エサキダイオード)
〈経歴〉東京大学物理学科卒業　文化勲章受賞　学士院賞受賞　筑波大学学長　勲一等旭日大綬章受賞

顧問
井水　治博(Haruhiro Imizu)
日刊工業新聞社　代表取締役社長
〈経歴〉日刊工業新聞社南東京支局長　同社編集局第二産業部次長　同社編集局中小企業部次長
同社千葉支局長　同社業務局長　同社取締役営業担当兼業務局長
同社取締役営業・電子メディア事業室担当兼業務局長

顧問
露木　茂(Shigeru Tsuyuki)
ニュース・キャスター
〈経歴〉早稲田大学政経学部卒業　同大学院政治コミュニケーション専攻　フジテレビ・アナウンス部部長
同テレビ局・編成局専任局長　同局・役員待遇　解説委員　エグゼクティブ兼解説委員
同局・特別アドバイザー　早稲田大学講師

顧問
吉村　秀實(Hidemi Yoshimura)
ジャーナリスト　富士常葉大学環境防災学部教授
〈専門〉災害時の人間行動・情報
〈経歴〉早稲田大学教育学部卒業　日本放送協会社会部記者　同ニュース・キャスター
日本放送協会解説主幹

顧問
石附　弘（Hiroshi Ishizuki）
（公財）国際交通安全学会評議員　日本市民安全学会会長
〈専門〉危機管理　セーフコミュニティ　市民安全・安心学
〈経歴〉一橋大学法学部卒業後警察庁入庁　内閣官房長官（後藤田・小渕両長官）秘書官　長崎県警察本部長
防衛庁審議官　国際交通安全学会専務理事　厚木市・豊島区専門委員（セーフコミュニティ国際認証担当）
（公財）交通事故総合分析センター監事

顧問
梅野　勉（Tsutomu Umeno）
フォルクスワーゲン グループ ジャパン株式会社　元代表取締役社長
〈経歴〉本田技研工業株式会社　ホンダオーストラリア社長　東アジア大洋州部長
フォルクスワーゲングループジャパン株式会社　代表取締役社長・会長
日本自動車輸入組合理事長

顧問
大澤　三保（Miho Ohsawa）
米国在住自動車コンサルタント　早稲田大学モビリティ研究会実行委員（米国支部）
〈経歴〉成城大学法学部卒業　Eastern Michigan University大学院コミュニケーション学科修士課程修了
Auto Alliance Internationalプロダクションプラニング／マテリアルハンドリング・スペシャリスト
Amtech Internationalシニア・リサーチアナリスト

法律顧問
森　美樹（Yoshiki Mori）
弁護士　法律事務所主宰
〈専門〉交通法規　交通行政
〈経歴〉交通評論家集団代表幹事　RJC事務総長　JAF常任理事　JAFモータースポーツ審査委員会委員長
同マニファクチャラーズ専門部会部会長

相談役
星島　浩（Hiroshi Hoshijima）
自動車ジャーナリスト
〈経歴〉（株）三栄書房モーターファン編集次長　同別冊新車シリーズ主筆　AUTO SPORT編集長
平凡パンチ・カーデスク　鈴鹿A級ライセンス講習会主任講師　スポーツニッポン新聞特約ライター
鈴鹿サーキット名誉競技役員

相談役
三本　和彦（Kazuhiko Mitsumoto）
（株）三信工房代表　テレビキャスター（TVK番組・新車情報など）
〈経歴〉東京新聞写真記者　多摩美術大学・多摩芸術学園講師
〈著作〉ノンフィクション　エッセーなど25冊以上

栄誉会員
杉浦　孝彦（Takahiko Sugiura）
トヨタ博物館元館長
〈専門〉日本自動車史
〈経歴〉トヨタ自動車デザイン部勤務後、トヨタ博物館に異動
（2017年逝去）

JAHFA 特定非営利活動法人
日本自動車殿堂　会員

会長　理事　会員
藤本　隆宏(Takahiro Fujimoto)
東京大学大学院経済学研究科教授
ものづくり経営研究センター長
〈専門〉技術・生産管理
〈経歴〉三菱総合研究所
ハーバード大学ビジネススクール博士課程修了
(Ph. D.)

副会長　会員
野崎　博路(Hiromichi Nozaki)
工学院大学工学部教授　工学博士
〈専門〉自動車工学 自動車運動制御
〈経歴〉車両計測診断装置の研究開発
サスペンションチューニング装置の開発等特許19件
ドライビングシミュレーターによる操安性の研究
自動車の限界コーナリングと制御の研究

理事　研究・選考会議議長　会員
鈴木　一義(Kazuyoshi Suzuki)
独立行政法人国立科学博物館
産業技術史資料情報センター長
〈専門〉日本の科学技術の発展過程についての調査・研究
〈経歴〉日本NCR技術開発部を経て現職

理事　イヤー賞選考委員会委員長　会員
藤本　彰(Akira Fujimoto)
(株)カースタイリング出版代表取締役社長
〈専門〉カーデザイン インダストリアル・デザイン
〈経歴〉(株)三栄書房美術部長
AUTOSPORT誌　CAR STYLING誌編集長
TD-Media(ウェブマガジン)顧問

理事　イヤー賞選考委員会主幹　会員
寺本　健(Ken Teramoto)
自動車研究開発　技術コンサルタント
(株)KENTWORKS代表取締役
〈専門〉自動車研究開発・性能・品質評価(VDS/IQS)
〈経歴〉内外自動車企業での開発評価Director歴任
US、オハイオ州立大学トランスポーテーション
リサーチセンター研究員
ホンダドイツ EURO Engineering GM
学校法人芝浦工業大学非常勤講師
交通安全運転管理者講習講師
自動車技術会会員

理事　顕彰アートデザイン担当　会員
山本　洋司(Yoji Yamamoto)
(株)ビジュアルメッセージ研究所　代表取締役社長
〈経歴〉(株)日本デザインセンター
トヨタ自動車(国内12年間／海外23年間)宣伝
広告制作
国鉄民営化プロジェクトJR発足のCI総合計画
NPO法人日本タイポグラフィー協会　会員
ニューヨークアートディレクターズクラブ　会員
社団法人日本グラフィックデザイナー協会　会員
東京タイポディレクターズクラブ会員
武蔵野美術大学講師(1990~2001)

理事　総務担当　会員
澤田　東一(Touichi Sawada)
芝浦工業大学名誉教授　工学博士
〈専門〉システム工学 ヒューマンインターフェース
〈経歴〉自動車整備士技能検定専門委員
３～５期ASV推進普及促進分科会委員
自動車アセスメント予防安全技術検討WG議長
自動車アセスメント評価検討会委員
ティエムファクトリ(株)取締役
芝浦工業大学非常勤講師

理事　経理担当　会員
間宮　篤(Atsushi Mamiya)
(株)東京アール アンド デー取締役　CTO
〈専門〉エンジニアリングデザイン
〈経歴〉電気自動車、小型自動車開発設計
二輪車開発設計
レーシングカー、スポーツカーの研究開発設計

監事　会員
浅野　邦明(Kuniaki Asano)
自動車技術会　永年継続会員
〈専門〉アクティブセーフティ 二輪車運動性能
〈経歴〉自動車安全運転センター研修部　理論教官
日本自動車研究所研究員　自動車技術会
アクティブセーフティ研究委員会委員
同二輪車の運動特性部門委員会委員長

事務局長　編集責任者　会員
小林　謙一(Kenichi Kobayashi)
三樹書房／グランプリ出版取締役社長
〈専門〉自動車・オートバイ・航空(歴史・技術・工学)
関連出版

事務局次長　会員

沼尻　到(Itaru Numajiri)

交通事故総合分析センター
業務部つくば交通事故調査事務所　元所長
〈専門〉内燃機関　自動車のリサイクル問題
　　　　自動車排ガス試験法の研究
〈経歴〉日本自動車研究所社会・環境研究室長

事務局主幹　編集員　会員

山田　国光(Kunimitsu Yamada)

三樹書房／グランプリ出版エディター
〈専門〉自動車(歴史・技術・工学)関連書籍の企画・編集

研究・選考会議 歴史遺産車主幹　会員

山田　耕二(Koji Yamada)

トヨタ博物館元学芸員
〈専門〉自動車史、自動車工学、車種・商品知識
〈経歴〉トヨタ自動車海外部門にて商品企画、販売促進業務に従事
　　　　トヨタ博物館にて学芸活動に従事

Web主幹　会員

廣瀬　敏也(Toshiya Hirose)

芝浦工業大学工学部准教授　工学博士
〈所属学会〉自動車技術会　日本機械学会
　　　　　　日本人間工学会
〈専門〉マンマシンシステム
　　　　(自動車のアクティブセーフティ技術ドライビング シミュレータ)
〈経歴〉交通安全環境研究所研究員

会員

佐野　彰一(Shoichi Sano)

自動車技術会名誉会員　工学博士
〈専門〉自動車運動力学　自動車安全工学
〈経歴〉東京電機大学教授　本田技術研究所
　　　　メキシコGP優勝Ｆ１の車体設計
　　　　４WS基本制御則の発見と量産化
　　　　ASVプロジェクトリーダー
　　　　歩行者衝突安全技術量産を先駆

会員

吉田　正武(Masatake Yoshida)

上智大学理工学部名誉教授　工学博士
〈専門〉内燃機関　自動車工学
〈経歴〉日本自動車研究所研究員
　　　　日本機械学会　会員部会幹事
　　　　自動車技術会ガソリン機関部門委員会委員
　　　　同過給システム専門委員会委員会員

会員

金子　成彦(Shigehiko Kaneko)

東京大学大学院工学系研究科教授　工学博士
〈専門〉機械力学・計測制御、振動騒音工学、生体信号応用技術、分散エネルギーシステム
〈経歴〉東京大学大学院工学系研究科博士課程修了
　　　　マギル大学客員助教授
　　　　日本工学会フェロー、理事
　　　　日本機械学会フェロー、会長
　　　　自動車技術会フェロー、フェローエンジニア、理事
　　　　日本ガスタービン学会、理事
　　　　日本工学教育協会、理事
　　　　日本学術会議連携会員
　　　　中央環境審議会大気・振動騒音部会委員
　　　　SIP「革新的燃焼技術」制御チームリーダー
　　　　東京都功労者

会員

景山　一郎(Ichiro Kageyama)

日本大学生産工学部教授　工学博士
日本大学自動車工学リサーチセンター　主席研究戦略アドバイザー
名古屋大学客員教授
〈専門〉車両運動性能 車両運動制御　人間〜自動車系
〈経歴〉日本大学大学院理工学研究科博士課程修了
　　　　オランダ・デルフト工科大学客員研究員
　　　　スウェーデン国立道路交通研究所(UTI)客員研究員

会員

大聖　泰弘(Yasuhiro Daisho)

早稲田大学名誉教授　工学博士
〈専門〉内燃機関 自動車工学　環境工学
〈経歴〉自動車技術会副会長
　　　　日本機械学会　エンジンシステム部門長
　　　　(平成16年度)
　　　　中央環境審議会　運輸政策審議会および東京都環境審議会委員

会員

北原　孝(Takashi Kitahara)

自動車技術・交通安全コンサルタント
〈専門〉人間-自動車－環境システム
〈経歴〉東京工業大学特任教授
　　　　いすゞ自動車株式会社　主任研究員
　　　　タイ国自動車技術会／国際アドバイザー
　　　　1970年ベストドライバー

会員
坂口　善英(Yoshihide Sakaguchi)
専門学校HAL東京カーデザイン学科　教官
〈専門〉カーデザイン　プロダクト・デザイン
〈所属学会〉日本インダストリアルデザイン協会
〈経歴〉日産自動車株式会社デザイン本部　デザイン戦略室主管・モデル開発室部長
日産欧州テクニカルセンター(英国)　デザインジェネラルマネージャー
(財)岐阜県産業文化振興事業団　オリベ想創塾副塾長
オリベデザインセンター専任教授・プロジェクトプロデューサー

会員
梶原　伸治(Shinji Kajiwara)
近畿大学理工学部准教授　博士(エネルギー科学)
〈専門〉機械設計　自動車工学
〈経歴〉京都大学エネルギー科学研究科博士課程修了
自動車会社でのエンジン開発
自動車運動―マン／マシンインタフェースの研究

会員
東　大輔(Daisuke Azuma)
久留米工業大学教授　博士
インテリジェント・モビリティ研究所所長
〈専門〉エアロダイナミクス(名古屋大学航空宇宙工学専攻)
エクステリアデザイン(九州大学芸術工学研究院)
〈経歴〉三菱自動車工業　スタジオパッケージング技術部
スポーツカーおよびレース車両の空力デザイン開発に従事
九州大学大学院非常勤講師
名古屋市立大学非常勤講師
自動車技術会　流体技術部門委員　科研費空力班メンバー

会員
吉野　貴彦(Takahiko Yoshino)
久留米工業大学工学部講師　工学博士
〈専門〉自動車運動力学　機械力学
〈経歴〉久留米工業大学インテリジェント・モビリティ研究所　研究員

会員
鳥海　孝俊(Takatoshi Toriumi)
NPO法人こどもサイエンスラボラトリ副理事長
〈専門〉電気機器サービス行政
〈経歴〉ソニーサービス地域本部長／企画部部長

会員
中村　英雄(Hideo Nakamura)
東京家政大学付属子供絵画造形教室　指導員
〈専門〉自動車・オートバイ・飛行機等のイラスト制作、歴史調査・考証
〈経歴〉小学校教諭としての活動を経て現職

会員
上野　義一(Yoshikazu Ueno)
子ども・学生支援任意団体サガミラ　代表
〈専門〉自動車工学　内燃機関
〈経歴〉神奈川大学第二工学部機械工学科卒業
自動車研究開発メカニック、
エンジニアを経て現職

会員
木村　徹(Toru Kimura)
有限会社木村デザイン研究所
国立大学法人名古屋工業大学大学院非常勤講師
〈専門〉トランスポーテーションデザイン
デザインマネージメント
〈所属学会〉自動車技術会デザイン部門委員会　委員
(フェローエンジニアー)
〈経歴〉トヨタ自動車株式会社デザイン部　部長
名古屋工業大学大学院教授
川崎重工業株式会社MC&Eカンパニー　C·L·O

●JAHFA 記録

「日本自動車殿堂　総覧　第一巻」の刊行

日本自動車殿堂　総覧編集委員会

1　「総覧」の刊行目的

特定非営利活動法人　日本自動車殿堂は、2001年11月14日に設立し、2015年には記念すべき15周年を迎えた。この機会を第一期の節目として捉え、これまでの機関誌を纏め、永く後世に伝承すべく「日本自動車殿堂　総覧　第一巻」の刊行と謹呈を決定致した次第である。総覧の編集および発行作業は、経済的考慮により会員の完全ボランティアによって行うべく、2015年および2016年前期をこれに充て、2016年後期を国内外の関係機関等への謹呈作業に充てることとした。そして、2017年度は第二期への新たなる発進の年と位置づけた。

日本自動車殿堂は、日本の自動車産業・学術・文化などの開発とその発展に寄与し、豊かな自動車社会の構築に貢献した人々の偉業を讃え、永く後世に伝承するとともに、次代を担う青少年の育成に貢献することを基本理念としてきた。今日の高度情報化の時代、蔵書が持つ情報の意義についても考察した次第であるが、自動車文化としてのモノ・コト創りへの先人の偉業であればこそ活字文化として歴史に刻み、広く国内外への伝承に努めることこそがこの時代にめぐり合わせた当会の使命ととらえた次第である。

2　「総覧」の構成と装丁

2.1　総覧の構成内容

機関誌№１～№14の見易さを重視した纏めを旨とし、殿堂者(殿堂入り)については生年月日順に纏め直した目次、写真・タイトル・表彰状文を、そして本文の略歴・主要業績を記載している。これ等記載の後部には殿堂入りをされた年次記録及び索引を付記している。

歴史車は、2003年～2014年に当殿堂に登録した各年１車の12車を記載している。なお、2017年度からは歴史遺産車に改名し、年間３～４車とする。

論壇は、2004年～2014年の法人会員、各自動車企業の社長・副社長・役員など企業リーダーの所信を貴重な史実として掲載している。

法人会員企業広告は、2001年～2014年を記載し、その時代のクルマ創りの理念・ユーザーニーズなど自動車文化としての貴重な歴史情報として纏めている。対談・寄稿・講演・座談は、自動車産業をリードするトップの信念と時代を反映した対談などである。論文は、自動車文化の過去・現在・未来を想定し、その未来志向の一端として位置付けている。

表彰式典および懇親会は、2001年～2014年に国立科学博物館において実施した風景写真、歴史車の同館展示風景写真などである。当会の広報活動については、当初は国内のマスメディア(NHK・民放・新聞社、雑誌社等々、海外メディアなど)の取材など、その実績を掲載。更に、特定非営利活動法人　日本自動車殿堂の組織(法人会員・特別会員・団体会員・協力会員・顧問・相談役・会員)および定款を記載している。

2.2　総覧の装丁等

サイズ：Ａ４×1000頁。束：80mm。重量：3.7kg。装丁：糸綴じ・合皮装丁・金文字仕上げ。発行部数：1000部。定価：28,000円。

日本自動車殿堂　総覧　第一巻

3　総覧の謹呈文

「日本自動車殿堂　総覧　第一巻」の謹呈文「日本語版」を図1に、同「英語版」を図2に示す。

4　総覧の謹呈「国内」

4.1　殿堂者および関係者等

2001年～2014年の殿堂者(殿堂入り)のご本人の方々、または奥方様、ご子息様、ご親族様、ご友人様──合計約100部

4.2　図書館

国立国会図書館東京本館、国立国会図書館関西館

都道府県立図書館(全国その例：北海道立図書館、青森県立図書館、茨木県立図書館、東京都立中央図書館、神奈川県立図書館、石川県立図書館、静岡県立図書館、三重県立図書館、京都府立図書館、大阪府立中央図書館、和歌山県立図書館、島根県立図書館、広島県立図書館、高知県立図書館、福岡県立図書館、鹿児島県立図書館、沖縄県立図書館等56館)

国内主要区立市町村立図書館(122館)等々──合計約180部

4.3　大学・大学校・高専等の図書館

国立大学(56校)、公立大学(13校)、私立大学(67校)、私立短期大学(２校)、国立高等専門学校(51校)、公立高等専門学校(４校)、私立高等専門学校(２校)、省庁大学校(２校)、自動車大学校(10校)等々──合計約200部

4.4　博物館等

国立科学博物館、日本自動車博物館、トヨタ博物館、ホンダコレクションホール茂木、日産座間ヘリテージコレクション、スズキ歴史館、マツダミュージアム、ダイハツ〈ヒューモビリティワールド〉、三菱オートギャラリー、スバルビジターセンター、日野オートプラザ、いすゞプラザ、ヤマハコミュニケーションプラザ、カワサキワールド、那須クラシックカー博物館、四国自動車博物館、ヒストリーガレージお台場、涌井ミュージアム、ツカハラミュージアム、伊香保おもちゃと人形・自動車博物館、自動車の過去・未来館、浅間記念館二輪車展示館、千葉県立現代産業科学館　等々──合計約35部

「日本自動車殿堂　総覧　第一巻」謹呈
ご挨拶

謹啓　　向春の候　皆様に於かれましてはご清祥のこととお慶び申し上げます
NPO法人　日本自動車殿堂は　2001年の設立以来　皆様方のご支援により
お陰様で15周年を迎えました　ここに衷心より御礼申し上げます
当会は　日本の自動車産業・学術・文化などの発展に寄与し
豊かな自動車社会の構築に貢献した人々の偉業を讃え　殿堂入りとして顕彰し
永く後世に伝承するとともに　次代を担う青少年の育成に
貢献することを理念として　これら活動に取り組んで参りました
これまで殿堂者70名の方々に殿堂入りを賜り
歴史車12台の顕彰と展示　JAHFAイヤー賞56件の顕彰
機関誌JAHFAの発行とインターネット掲載などの活動を行って参りました

日本自動車殿堂は　この15周年を機に
殿堂者の方々の尊い偉業を中心にして機関誌を纏め
第一期永久保存版「日本自動車殿堂　総覧　第一巻」を刊行致しました
本総覧は　殿堂者の方々や関連諸企業および機関への謹呈はもとより
広く国内・海外の大学・図書館・教育機関・大使館・マスコミなどに謹呈し
わが国の自動車文化の理解と普及に努めて参る所存です
斯く致しまして　2015年度および2016年度前半の活動は「総覧の刊行」等
2016年度後半は「総覧の国内外配布（謹呈）」に取り組んで参ります
2015年度および2016年度の式典・展示活動等は休止させて戴き
2017年度より第二期として再開させて戴きます
なお　イヤー賞につきましては例年通り取り組んで居ります
来る第二期につきましては　新たな体制のもとで第一期にも増して
設立趣旨に沿った活動を行うべく　準備を進めて居ります
ここに　謹んでご報告申し上げますとともに
「日本自動車殿堂　総覧　第一巻」をご受納賜りたく存じます
これからも尚一層のご理解ご支援のほど宜しくお願い申し上げます
最後になりましたが　皆々様の益々のご発展をお祈り申し上げます

謹白

2017年（平成29年）2月吉日
特定非営利活動法人　日本自動車殿堂
会長　小口 泰平
〒165-0026 東京都中野区新井3-4-5　TEL＆FAX：03-3385-0223
http://www.jahfa.jp　E-mail：oguchi@jahfa.jp

図１　謹呈文「日本語版」

Dear Sirs:
The nonprofit organization Japan Automotive Hall of Fame (JAHFA) respectfully dedicates the records of its activities, "JAHFA 2001–2014", for your library.

JAHFA has celebrated its fifteenth anniversary in virtue of the sympathy and assistance granted by many companies and individuals since its establishment in 2001.
JAHFA has been continuing its activities for its principal objective that is recognizing individuals who contributed outstandingly to the development of our automotive society and bequeathing their achievements to posterity aiming for the cultivation of the young generation.
JAHFA has inducted seventy persons into the Hall of Fame, identified and exhibited twelve historic cars, and recognized fifty-six cars/technologies by awarding the title of the car/technology of the year, in addition to publishing its organs and reporting these activities through the internet.

Celebrating the fifteenth anniversary, JAHFA issued "JAHFA 2001–2014", reediting the past fourteen organs focusing the achievements of the inductees, with due consideration for the use in the long term as the archives.
The volumes have been dedicated to the domestic and foreign institutions, universities, companies and individuals related to automobile, and major libraries, embassies, newspapers and publishers in addition to the inductees.
I hope they will play a forceful role of enriching people's understanding and sympathy concerning Japan's automotive culture.

I sincerely request your acceptance of this volume.

Yours truly,

Dr. Yasuhei Oguchi
President

President: Yasuhei Oguchi　Registered Office: Arai 3-4-5 Nakano-ku Tokyo 165-0026 JAPAN
TEL & FAX: 081-3-3385-0223 http://www.jahfa.jp E-mail: oguchi@jahfa.jp

図２　謹呈文「英語版」

国立国会図書館　東京本館

国立国会図書館　関西館

4.5　法人会員および関連機関

自動車企業等法人会員、自動車工業会、自動車部品工業会、日本自動車タイヤ協会、日本自動車輸入組合、日本自動亘連盟、学会・官公庁等、日本自動車研究所、国際交通安全学会、交通安全運転センター、日本貿易振興機構、産業関連各種団体　等々——合計約105部

4.6　報道機関および出版社等

新聞社、TV局、マスメディア、出版社等々——合計約40部

5　総覧の謹呈「海外」

5.1　海外工業会、海外日本法人事務所等

AMA(アメリカ自動車工業会)、ACEA(欧州自動車工業会)、JETRO海外事務所、JAMAN.A.O(自工会北米事務所)、JAMAE.O(自工会欧州事務所)、VDA(ドイツ自工会)、CCFA(フランス自工会)、SMMT(英国自工会)、JNFIA(イタリア自工会)、OICA(世界自動車工業連合会)、IMMA(世界二輪車工業会)、JASIC(自動車基準認証国際化研究センター)ジュネーブ事務所等々——合計約50部

5.2　海外大学、図書館

オックスフォード大学、ケンブリッジ大学、イギリス国立図書館、ミュンヘン工科大学、ハイデルベルグ大学、ドイツ国立図書館、パリ大学、フランス国立図書館、ミラノ大学、ローマ国立図書館、バルセロナ大学、カタロニア図書館、アムステルダム大学、オランダ国立図書館、ルーベンカトリック大学、ベルギー図書館、チューリッヒ大学、スイス国立図書館、ストックホルム大学、スウェーデン国立図書館、デブリーン大学、カレル大学図書館、ハンガリー国立図書館、カレル大学、オスロ大学、ノルウェー国立図書館、グラーツ大学図書館、サバンチ大学、トルコ国立図書館、ミンホ大学、ポルトガル国立図書館、ワルシャワ大学、ポーランド国立図書館、コペンハーゲン大学、デンマーク国立図書館、ロシア国立図書館、メキシコモンテレイ工科大学図書館、ブラジル国立博物館、ミシガン大学、シカゴ大学、アイオワ大学図書館、マサチューセッツ工科大学、ハーバード大学、ボストン公共図書館、北京大学、中国国立図書館、ソウル大学、韓国国立図書館、国立台湾大学、台湾国立図書館、インド工科大学ボンベイ校、インド国立図書館、国立シンガポール大学、シンガポール国立図書館、オークランド大学、マレーシア大学、マレーシア国立図書館、ケープタウン大学図書館　等々——合計約70部

国立ドイツミュージアム

日本自動車博物館

ケンブリッジ大学

インド工科大学　デリー校

パリ大学

ハーバード大学

ケープタウン大学

5.3　海外自動車企業・博物館等

ヘンリー・フォードミュージアム、GMミュージアムヘリテージセンター、トヨタUSA自動車ミュージアム、ドイツミュージアム、BMWミュージアム、ボルボミュージアム、VWオートスタット、プジョーミュージアム、NSUミュージアム、オートテクニックミュージアム・ジンスハイム、チェントロストリコFIAT、トリノミュージアムライブラリ、ムゼオデルアウトモビリ・トリノ、アルファロメオミュージアム、ナショナルモーターミュージアム・ビューリー、ヒュンダイR&D、米国自動車殿堂　等々――合計約25部

6　終わりに

「日本自動車殿堂　総覧　第一巻」の編集・発刊・発送にあたり多くの方々にボランティアによるご支援を戴き、ここに衷心より御礼を申し上げる次第である。編集にあたっては14年間に亘る機関誌の変化を考慮して見易さと一貫性を、さらにはオフィシャルサイトとの共通性にも配慮した。

終わりにあたり、この総覧が日本の自動車産業・学術・文化の記録の一端を担うことができれば誠に幸いである。

（『総覧』編集委員長：小林謙一、同委員：山田国光、野崎博路、寺本健、沼尻到、佐野彰一、小口泰平）

■『総覧』をご希望の際には、日本自動車殿堂事務局（TEL：03-3291-8511）までお問い合わせ下さい。

http://www.jahfa.jp

クルマは、「考える人・造る人・売る人・伝える人・律する人・そして何よりも楽しむ人」がいて成り立つものです。

便利で快適なモビリティを実現したクルマ文化は、一朝にして出来上がったものではなく、それぞれの分野における先人・先達の限りない尽力の賜物であり、そこには感動とドラマが秘められているのです。

我々はその偉業を可能な限り紹介し、敬意と感謝の気持ちをもって伝承して参ります。

日本自動車殿堂のホームページは、現代の情報化社会のメリットを生かし、創立からの活動を収録しております。クルマ文化に貢献された方々の偉業の一端を伝承しながら、価値の多様化と多面性を尊重し、過去、現在、未来へと時代を超えたクルマ文化との出会いを提供したいと思考している次第です。

また、第二期を開始するにあたり、2017年４月１日にオフィシャルサイト(ホームページから改称)を一新しました。さらなる内容の充実を図り、利便性を向上するとともに、デザインを刷新しました。当会の活動報告など、サイト上で迅速にお知らせをして参ります。

特に検索機能を新設し、「殿堂者」「歴史遺産車」「イヤー賞」の各項目の検索新設や、論壇／対談・寄稿・講演・座談／論文など、より使いやすいサイトにしました。ぜひ日本自動車殿堂のオフィシャルサイトをご活用いただければ幸いです。

平成三十年
2018年
No.18

特定非営利活動法人
日本自動車殿堂

日本自動車殿堂　JAHFA（ジャファ）No.18

発 行 日：2018年11月15日
発 行 人：藤本隆宏
発　　行：特定非営利活動法人　日本自動車殿堂
Tel 03-3291-8511（日本自動車殿堂事務局）
編　　集：日本自動車殿堂　JAHFA　編集委員会
編 集 長：小林謙一
副編集長：山田国光
編集委員：遠山佳代子
組　　版：言水制作室
発 売 元：三樹書房
〒101-0051東京都千代田区神田神保町 1-30
Tel 03-3295-5398／Fax 03-3291-4418
印　　刷：シナノ パブリッシング プレス

ISBN978-4-89522-697-4 C0050 ¥1000E
定価（本体1000円+税）
Made in Japan